鄱阳湖典型湿地水分运移及其与植被分布的作用关系研究

许秀丽 著

中国水利水电出版社
www.waterpub.com.cn
·北京·

内 容 提 要

　　湿地水分运移是揭示水文过程与植被相互作用机制的基础。本书介绍了鄱阳湖典型洲滩湿地水土环境因子的变化规律，以及影响植被群落空间分布的主控因子；揭示了湿地中生、挺水和湿生 3 种不同生态型植被群落地下水-土壤-植被-大气系统的界面水分交换规律，量化了湿地水分的补排关系，预测了不同气候水文情景对鄱阳湖植被群落水分补给来源和蒸腾用水的影响，最后对全书进行了总结和展望。

　　本书可作为湿地学、生态学、水文学等相关专业本科生、研究生的入门读物和鄱阳湖生态水文过程研究的参考用书。

图书在版编目（CIP）数据

鄱阳湖典型湿地水分运移及其与植被分布的作用关系
研究 / 许秀丽著. -- 北京 : 中国水利水电出版社,
2019.9
　　ISBN 978-7-5170-8111-1

　　Ⅰ. ①鄱… Ⅱ. ①许… Ⅲ. ①鄱阳湖－沼泽化地－土
壤水－关系－地面植被－研究 Ⅳ. ①S152.7②Q948.15

中国版本图书馆CIP数据核字(2019)第247565号

书　　　名	鄱阳湖典型湿地水分运移及其与植被分布的作用关系研究 POYANG HU DIANXING SHIDI SHUIFEN YUNYI JIQI YU ZHIBEI FENBU DE ZUOYONG GUANXI YANJIU
作　　　者	许秀丽　著
出 版 发 行	中国水利水电出版社 （北京市海淀区玉渊潭南路 1 号 D 座　100038） 网址：www.waterpub.com.cn E-mail：sales@waterpub.com.cn 电话：(010) 68367658 （营销中心）
经　　　售	北京科水图书销售中心（零售） 电话：(010) 88383994、63202643、68545874 全国各地新华书店和相关出版物销售网点
排　　　版	中国水利水电出版社微机排版中心
印　　　刷	天津嘉恒印务有限公司
规　　　格	170mm×240mm　16 开本　6.75 印张　132 千字
版　　　次	2019 年 9 月第 1 版　2019 年 9 月第 1 次印刷
定　　　价	**45.00 元**

前言

　　水文过程是湿地植被生长和演替的驱动力，界面水分运移是揭示水文与植被相互作用机制的基础。鄱阳湖是我国第一大淡水湖，它上承赣江、抚河、信江、饶河、修水来水，经调蓄后注入长江，水位的季节性升消变化形成近 3000km² 干湿交替的洲滩湿地，孕育了丰富的湿地植物。21 世纪以来，长江中下游流域进入连续枯水期，鄱阳湖枯水期水位连创新低，导致高位滩地植被退化、植被群落正向演替速率加快等一系列问题，引发了学术界、媒体和政府的广泛关注。因此，识别湿地植被分布的主控因子及生长阈值，深入认识湿地植被群落地下水-土壤-植被-大气（GSPAC）系统水循环过程，确定不同植物种的水分利用策略，阐明不同气候水文年内湿地植被蒸腾用水规律和补给水源组成的差异，是揭示湿地水文-植被作用机理的关键，能够为干旱状态下鄱阳湖湿地生态系统的保护提供科学的参考依据。

　　本书内容依托国家自然科学基金项目"季节性受淹湖泊洲滩湿地水文与植物相互作用机制研究"（编号：41371062）和"鄱阳湖湿地界面水分传输及与植被演替/恢复过程的作用机理研究"（编号：41601031）等项目的支撑完成，获得了中国科学院南京地理与湖泊研究所和中国科学院鄱阳湖湿地观测站的支持，是对近年相关学术、科研工作的总结，内容涉及湿地生态水文研究中面临的问题、典型湿地小流域的选取、野外气候-水文-土壤-植被多要素联合观测系统的建立、鄱阳湖湿地水文、土壤环境因子的变化规律、湿地植被特征空间分布的主控因子识别、不同湿地植被群落 GSPAC 系统水分传输规律、湿地水分补排关系的量化、不同气候水文情景对湿地植被生长用水的影响。本书成果得到了张奇研究员、李相虎副研究员、李云良副研究员、谭志强助理研究员以及林欢、李梦凡等众多老师和学者的指导，在此对他们一并表示感谢。希望本书的出版能对湿地生态水文过程相关领域的研究人员有所借鉴。由于作者水平有限，内容难免存在疏漏和不足之处，恳请读者批评指正。

 **目录**

前言

第1章　绪论 ··· 1

1.1　鄱阳湖面临的生态水文问题 ···················· 1

1.2　国内外研究进展 ································· 2

　1.2.1　湿地系统界面水循环过程研究 ··············· 2

　1.2.2　湿地水文过程与植被空间分布关系的研究 ······ 3

　1.2.3　鄱阳湖湿地生态水文过程研究进展 ··········· 5

第2章　典型洲滩湿地生态水文原位监测与实验方法 ········· 7

2.1　湿地生态水文观测的意义与目标 ················ 7

2.2　实验区的选择与概况 ··························· 8

　2.2.1　实验区选择 ····························· 8

　2.2.2　实验区概况 ····························· 9

2.3　气象-水文-土壤-植被多要素联合观测系统的构建 ······· 10

2.4　室内实验及数据分析方法 ······················ 13

　2.4.1　室内实验方法 ··························· 13

　2.4.2　数据统计与分析方法 ····················· 15

2.5　本章小结 ····································· 19

第3章　典型洲滩湿地水土环境因子变化规律及其对植被分布的影响研究 ··· 20

3.1　典型洲滩湿地植被特征的时空变化规律 ············· 20

　3.1.1　群落划分及物种组成 ····················· 20

　3.1.2　群落特征的季节动态变化 ·················· 21

　3.1.3　群落特征的空间分布变化 ·················· 24

3.2　典型洲滩湿地水文要素变化及影响因素分析 ········· 28

　3.2.1　地下水位变化及其与降水和湖水位的关系 ······ 28

　3.2.2　土壤水分变化及其对降水和地下水的响应 ······ 31

3.3　典型洲滩湿地土壤理化性质变化规律及其水文要素的关系 ······· 35

  3.3.1 湿地土壤理化因子沿高程梯度的变化规律 ·················· 36

  3.3.2 土壤因子在不同群落间的差异及与水文要素的关系 ·········· 38

  3.4 典型洲滩湿地植被群落特征与水土环境因子的关系 ············ 39

  3.4.1 植被群落特征与水文和土壤因子的相关性分析 ·············· 39

  3.4.2 植被群落空间分布与环境要素的典范对应分析 ·············· 40

  3.4.3 优势种重要值对水文要素响应的 GAM 模型分析 ············ 43

  3.4.4 群落特征对地下水埋深响应的高斯模型分析 ··············· 44

  3.5 本章小结 ··· 46

第4章 典型湿地植被群落地下水-土壤-植被-大气系统水分运移
过程模拟 ·· 47

  4.1 模型概化及水量平衡方程 ··· 47

  4.2 数学模型的构建 ·· 49

  4.2.1 模型原理与数学描述 ·· 49

  4.2.2 边界条件与初始条件 ·· 51

  4.2.3 土壤质地与层次划分 ·· 52

  4.2.4 模型输入与驱动数据 ·· 52

  4.2.5 模型参数化与数值解算 ·· 54

  4.3 模型的率定和验证 ·· 56

  4.3.1 参数率定 ··· 56

  4.3.2 模拟效果检验 ··· 57

  4.3.3 率定和验证的结果 ·· 58

  4.4 不同植被群落 GSPAC 系统界面水分运移规律分析 ··········· 61

  4.4.1 植被-大气界面水分通量 ······································· 61

  4.4.2 土壤-大气界面水分通量 ······································· 62

  4.4.3 土壤-根系界面水分通量 ······································· 64

  4.4.4 地下水-根区土壤底边界水分通量 ····························· 66

  4.4.5 不同植被群落水量平衡分析 ··································· 68

  4.5 不确定性分析 ··· 74

  4.6 本章小结 ··· 75

第5章 湿地水文条件变化对植被群落补给水源和蒸腾用水影响的
模拟研究 ··· 76

  5.1 地下水埋深对根区土壤水分补给和植被蒸腾用水的影响 ········ 76

  5.1.1 情景设计原则 ··· 76

  5.1.2 模拟结果分析 ··· 77

5.2 典型年份湖水位变化对植被群落蒸腾和水分补给的影响·············· 79

　　5.2.1 情景设计原则 ················· 79

　　5.2.2 模拟结果分析 ················· 80

5.3 2000 年前后水文变化对植被群落蒸腾和水分补给影响的比较 ······ 83

　　5.3.1 情景设计原则 ················· 83

　　5.3.2 模拟结果分析 ················· 83

5.4 本章小结 ······························· 87

第 6 章 结语与展望 ··························· 89

6.1 结语 ································· 89

6.2 展望 ································· 90

参考文献 ·································· 92

第1章 绪 论

1.1 鄱阳湖面临的生态水文问题

湿地是具有独特生态功能的系统，在抵御洪水、净化水质、保护物种多样性以及维护生态系统平衡等方面有着不可替代的重要作用（刘红玉等，2003）。水分是湿地存在的基础，水分的动态变化控制着湿地生态系统的发育和演变（邓伟等，2003；章光新等，2008）。一方面，水分条件制约湿地土壤的理化环境和生物地球化学循环，直接影响湿地植物区系组成、空间分布和演替方向（Dwire et al.，2006；Hammersmark et al.，2009）；另一方面，湿地植物是湿地水文条件和生境质量状况的重要环境指标（Castelli et al.，2000；孙儒泳等，2002），它直接通过降雨截留、阻挡地表水、蒸散发等过程影响湿地水循环过程（Chui et al.，2011）。总之，湿地植被与水文要素的相互作用或反馈机制共同维持着湿地生态系统的平衡。

鄱阳湖是中国最大的淡水湖，它承纳赣江、抚河、信江、饶河、修水五河来水，经调蓄后由湖口注入长江。鄱阳湖与五河和长江复杂的水力联系形成了独特的水情特征，水位受五河和长江的共同影响，季节变化幅度可达 13m（胡振鹏等，2010；李云良等，2013）。季节性的水位波动形成了近 3000km² 的湿地草洲，由远湖区高位滩地至近湖区低地发育有中生性草甸-挺水植被-湿生植被-水生植被的典型带状植被景观（刘信中，2000）。然而进入 21 世纪以来，受气候变化和大型水利枢纽运行的影响，长江中下游江湖关系格局发生显著的改变（郭华等，2011；赖锡军等，2012），鄱阳湖极端干旱事件频发，集中表现为"高水不高、低水过低"，"秋旱加剧、旱涝急转"等特点，最低水位不断突破历史最低值，枯水持续时间比多年平均增长近 30 天（姜加虎等，1997；闵骞等，2012；刘元波等，2014；Zhang et al.，2014），引起了包括《自然》在内的学术界和媒体的广泛关注（Jiao，2009；Lu et al.，2011）。

水文情势的改变导致鄱阳湖湿地植被系统正面临着生态退化、演替速率加快、物种多样性减小等一系列威胁（周文斌等，2011；Han et al.，2015）。高位滩地提前出露，土壤含水量降低，湿地面积破碎化，植被出现矮化和旱化趋势（吴龙华，2007；胡振鹏等，2010），芦苇群落分布面积萎缩，薹草群落分布不断向湖心扩展（吴建东等，2010；余莉等，2010；余莉等，2011）。因此，为了深入理解水文过程变化对鄱阳湖湿地植被生态系统的影响，迫切需要明确湿地关键水文要素和土壤理化性质的变化规律，揭示影响湿地植被群落特征空间分布的主控因子，阐明不同生态型植被群落地下水-土壤-植被-大气系统的界面水分运移规律，辨析湿地补给水分来源，预测不同水文情景条件对湿地植被群落水分补给和蒸腾用水的影响，为揭示水文与生态过程的相互作用机制，有效保护湿地系统健康提供科学的参考依据。

1.2　国内外研究进展

1.2.1　湿地系统界面水循环过程研究

湿地生态系统以水循环过程为主要载体进行物质、能量及信息交换，从而驱动植被的生长、景观格局的演变和生态功能的实现（崔保山，2006；章光新，2008）。界面水文过程是水循环理论的一种新的发展，主要研究水分在地下水-地表水-土壤-植被-大气系统界面的传输过程和转换关系（刘昌明，1997；邓伟等，2005）。研究水分转化机制必须从水分流通的各个界面入手（刘昌明等，1999；宫兆宁等，2006）。湿地水分在土壤-大气、植物-大气和地下水-土壤界面的运移和转换是维持能量和营养物质平衡的关键环节（邓伟等，2005）。土壤-大气界面的降水入渗是湿地水分重要的补给来源，植物/水面-大气界面的蒸散发则是湿地系统水量平衡的重要支出，加之地下水-土壤界面的地下水向上补给和土壤水分向下渗漏，构成了完整的湿地界面水循环过程。界面水分通量的研究既可以揭示湿地水分的传输过程和补排关系，也是深入理解湿地系统水文过程与植被相互作用机制的基础（Luo et al.，2008；Mazur et al.，2014）。

综合国内外的大量研究，以往关于湿地界面水分传输的研究多关注地上界面过程，探求"土壤/植物-大气"界面蒸散通量的变化特征、影响因素与驱动机制（Herbst，1999；Cooper et al.，2006；郭跃东，2008；孙丽等，2008），湿地地下界面过程由于观测难度较大，相关研究还相对滞后，人们对地下界面的水分运移规律的认识也非常有限。事实上，根系-土壤-地下水界面是物质和能量交换最为频繁，生物化学过程最活跃的一个区域（罗文泊等，2007），特别是在季节性洪泛湿地，巨大的水位变幅使湿地在"水生"与"陆生"生境间交替变化。在湿地出露期，浅埋的地下水在蒸腾拉力和毛细作用下不断向上补给根区土壤水分，直接影响地上界面的水分过程（Pagter et al.，2005；Xie et al.，2011）。例如，Mazur et al.（2014）在美国五大湖区湿地的研究发现，地下水-土壤界面的水分交换频繁，平均补给通量达 2.6～4.4mm/d，最大补给

总量可提供植被耗水量的 59%～75%。地下界面的水分交换甚至会影响湿地
生态系统的优势种组成,正如 Cooper et al.（2006）在河谷湿地的研究所示,
地下水平均埋深由 0.92m 增加到 2.5m 使地下水-土壤界面的年补给水量减少
62%,并最终导致湿地植物被旱生灌木所取代。但是,目前对湿地地下界面水
分传输过程的研究还十分不足,亟须将湿地地上、地下界面过程联接起来,从
"五水"转换的统一角度,深入完善对湿地系统复杂水分运移规律的认识。

地下水-土壤-植被-大气（GSPAC）系统中水分传输的动态过程及其影响
因素之间存在复杂的关系,20 世纪 80 年代之后,数值模型因其高度的仿真
性、灵活的应用性以及良好的经济适用性等优点,成为土壤水分运移过程研究
的重要手段。国内外研究工作者建立了大量的水分传输过程综合模型,如
WAVES、SWAP、HYDRUS、CoupModel 等模型,已经被广泛地应用于各
种类型的生态系统（Per et al.，1991；Lu et al.，1998；Gustafsson et al.，
2001；Simunek et al.，2008）。然而限于复杂的湿地自然条件及有限的监测手
段,湿地部分界面水分通量连续动态变化数据的获取及定量化工作较为困难,
目前数值模拟法应用于湿地水分运移研究的案例仍不多见。

1.2.2 湿地水文过程与植被空间分布关系的研究

湿地植被的空间分布是水文条件与植被相互作用的动态平衡（崔保山,
2006；Hammersmark et al.，2009）。湿地水位周期性的波动改变生境水分条
件和氧化还原环境,影响植物的生长和分布,土壤渍淹造成的缺氧胁迫导致水
分耐受性差的物种难以存活（罗文泊等,2007；Li et al.，2013）,而地下水埋
深和土壤水分含量影响植物生长的水分利用,决定不同水分需求物种的生长
（Castelli et al.，2000；Dwire et al.，2006）。长期以来,湿地水文过程与植被
相互作用的研究一直是湿地生态水文学研究的重点,根据研究内容重点和技术
方法的不同,研究主要可分为以下四方面。

一是基于控制实验研究不同水文条件对植物不同生命阶段的生理生态特征
的影响。控制实验可以实现野外难以观测的水情条件,加强物种对不同水文过
程响应策略的认识,但受研究时间尺度（几个月、几个生长期）的限制,研究
结果更侧重反映植株个体尺度对短期水分条件变化的响应（Casanova et al.，
2000；Li et al.，2013）。同时,自然条件下的水文过程是一个非常复杂的过
程,湿地植物的生长是多种环境因素综合作用的结果,野外条件下几乎不可能
把单一水文要素的影响分离出来,而实验室可以分项研究不同水文要素（如水
深、淹水时间、频率等）对湿地植被的作用效果。尽管如此,控制实验从取样
到水文条件设置大多是一种理想状态,很难反映野外复杂多变的环境,而且受
研究时间（几个月、几个生长期）和空间尺度的限制,无法体现自然条件下植

被生态系统对水文过程的长期响应，这在一定程度上限制了其研究结果的应用范围。

二是基于野外观测数据和梯度分析（典范对应分析 CCA、除趋势对应分析 DCA 等）研究植被群落分布与水情要素之间的复杂关系，研究者通过排序轴来反映一定的生态信息，从而解释植被分布与环境因子的作用关系（Leyer，2004；贺强等，2007）。比如，贺强等（2007）在黄河三角洲湿地利用模糊排序法研究发现，当环境梯度由低水深、高盐分过渡为高水深、低盐分时，优势植被由翅碱蓬群落（*Suaeda heteroptera*）逐渐演变为芦苇群落（*Phragmites australis*）。然而，几乎所有的排序结果仅是给出植物群落在一个笼统的环境梯度轴上的变化，比如水深从高到低、土壤由干到湿（Asada，2002；赵欣胜等，2010）。研究者或许可以理解这种模糊环境梯度所代表的内在生态意义，但决策者无疑需要更加明确的、具有指导性的信息，正如 Henszey et al.（2004）所说，确定某种植被喜欢分布在湿润土壤环境下远比不上确定其适宜生境为地下水埋深 10cm 更具有实际价值。

三是对"模糊环境梯度"进行定量标识。基于大量的野外调查和监测/模拟数据，利用统计回归方法建立物种特征与关键水文要素的统计响应模型（Gause，1931；Henszey et al.，2004）。这些非线性统计模型因其系数通常具有种群最大值、最优环境梯度值和生态幅度等生态意义逐渐代替传统的多项式统计模型，可以通过改变水文条件或者建立水文模型"顺序"驱动植被响应模型，从而研究植被分布对水文条件变化的响应。比如，Rains et al.（2004）在加利福尼亚的滨河湿地，构建了植被群落出现概率与地下水位的贝叶斯响应模型，通过不同的水库调度方案模拟发现，湿地地下水位降低后中生性群落的分布范围大幅扩展；Leyer（2005）在德国洪泛平原湿地建立了物种出现概率与地下水位波动幅度的响应模型，发现水位波动持续减小会导致低位滩地的物种被高位滩地的物种所取代。国内，崔保山等（2008）、Luan et al.（2013）利用统计回归建立了翅碱蓬（*S. heteroptera*）和薹草（*Carex*）种群生长与水深梯度的高斯模型。数学统计模型的常见形式包括传统的高斯模型（Gause，1931）、钟型曲线模型、偏峰模型（Austin，1976）和单边模型（Henszey et al.，2004）等。这些统计模型能够明确种群生长的适宜水情范围和生态幅度，但考虑到样本数和地域差异，统计关系在不同地区推广应用时仍须进行校验（Henszey et al.，2004）。而且，统计模型只是一种不考虑物理机制的单向驱动模型，无法体现植被变化对水文过程的反馈作用，难以揭示水文过程与植被演替的内在作用机理。

四是水文过程与植被生长双向耦合模型。水文-植被双向生态耦合模型主要是将水流运动方程与经典的植被生长竞争 Lotka - Volterra 模型通过蒸散发

过程进行内部耦合,既考虑植被生长耗水对区域水量平衡的影响,也将水分条
件变化的影响实时反馈到光合作用、生物量积累等植物生长过程中,在模型机
理上充分考虑了水分与植被的互馈机制,真正实现水分与植被的相互影响(周
德民等,2007;Muneepeerakul et al.,2008;Chui et al.,2011)。该方法能够
实时输出水文要素和植被特征的动态过程,逐渐成为预测水文条件变化下湿地
植被演替的最前沿手段。但是因数学模型的构建和验证所需数据较大,要求野
外水文、土壤、植被等基础数据有长期的监测,这限制了该方法在很多基础资
料欠缺湿地上的应用,同时,水文-植被耦合数学模型的建立需要研究者同时
具备水文模型和生态模型的专业技术背景,这对模型的发展和普及应用提出了
新的挑战。

1.2.3　鄱阳湖湿地生态水文过程研究进展

湿地水文与植被的相互作用是一个复杂的多界面过程。随着气候变化和人
类活动对湿地影响强度的增加,通江湖泊湿地的水分循环过程变得更加复杂,
增加了湿地生态系统演变的不确定性,湿地水分传输对植被生长分布的影响机
制也成为国内外关注的热点(Jiao,2009)。鄱阳湖是典型的通江湖泊湿地,已
有研究主要集中在以下方面:

(1)基于湖泊流域尺度的水文水动力过程、泥沙冲淤及江湖作用关系
研究。

(2)基于遥感手段的湿地植被分布面积变化及其与水位变化的关系研究。

(3)基于短期采样调查的土壤水分、有机质、养分元素变化及其与植被特
征的统计关系分析。

(4)基于控制实验的种群特征对水情的响应研究(葛刚等,2011;赖锡军
等,2012;张丽丽等,2012;Qin et al.,2013;Zhang et al.,2014;Han et
al.,2015;Xu et al.,2015)。这些研究虽然充分表明了通江湖泊湿地水情的高
度复杂性及其对植被分布的密切影响。

然而,目前鄱阳湖湿地的研究中仍然存在一些亟待解决的问题:

(1)缺乏长序列的湿地生态水文要素基础数据,传统的人工测量仅能获取
有限时间点的数据,很难对湿地完整的水文过程变化有清晰的认识,同时,基
础数据的缺乏也限制了湿地生态水文模型的构建。

(2)鄱阳湖湿地植被空间分布影响因子众多,难以区分各类环境因子对湿
地植被空间分布格局影响程度的大小,同时缺少定量的植被群落特征对关键水
文要素的统计响应模型。

(3)湿地植被特征变化的内在原因是湿地水文过程的改变,如何利用水文
模型深入揭示湿地地下水-土壤-植被-大气系统之间的界面水分交换和运移规

律，辨析湿地补给水分来源及季节变化是揭示鄱阳湖湿地植被对水文过程响应机制的基础。

（4）利用生态水文模型预测未来水文情势下湿地的演变将是未来国际湿地研究的重点和热点，国内这方面基础较弱，以模型为有效工具的湿地水文-植被研究仍鲜有报道，现阶段应充分利用已有数据先从单向驱动的联合模型着手，逐步向双向耦合模型的构建推进。

本书选取鄱阳湖典型洲滩湿地为研究对象，分析了典型洲滩湿地水文、土壤环境因子的变化规律及其与植被群落空间分布的作用关系，揭示了影响植被分布的主控因子和阈值，阐明了不同生态型植被群落 GSPAC 系统界面水分交换规律，量化了湿地水分的补排关系，预测了未来不同水文情景对鄱阳湖洲滩湿地植被群落水分补给来源和蒸腾用水的影响。

第2章 典型洲滩湿地生态水文原位监测与实验方法

鄱阳湖湿地位于江西省北部，与长江在湖口相连通，是我国最大的通江淡水湖泊湿地，南北长约173km，东西平均宽约17km，湖盆地形由南向北逐渐降低，南部为主湖区，北部为入江通道。鄱阳湖是一个典型的过水性、季节性的浅水湖泊，流域内水系发达，赣江、抚河、信江、饶河和修水来水由南、东、西方向汇入鄱阳湖，经调蓄后再由湖口注入长江，年内洪、枯水期水位相差可达13m，具有"高水是湖，低水似河"的特点。季节性的水位波动使得在高、低水位之间的涨落带发育有近3000km²的湿地，主要的湿地类型包括流域五河入湖形成的面积广阔的冲积三角洲洲滩湿地和冬季水落滩出形成的众多与主湖区脱离的碟形洼地湿地。湿地发育的植被类型众多，由水及陆表现出明显的条带状分布格局，沉水植物主要分布在9～11m高程（吴淞基面）洲滩上，主要有马来眼子菜（*Potamogeton malaianus*）、苦草（*Vallisneria natans*）等；湿生植物主要分布在12～15m高程的大片洲滩，以薹草、虉草（*Phalaris arundinacea*）为主，伴生有藜蒿（*Artemisia selengensis*）、刚毛荸荠（*Eleocharis valleculosa*）等；高草草洲（挺水植物等）主要分布在15～17m高程洲滩，主要有南荻（*Triarrhena lutarioriparia*）、芦苇等，伴生有藜蒿、水蓼（*Polygonum hydropiper*）等；17m以上高程主要分布的为中生性植物，如茵陈蒿（*Arlemisia capillaris*）、狗牙根（*Cynodon dactylon*）、牛鞭草（*Hemarthria altissima*）（刘信中，2000）。鄱阳湖独特的湿地生态系统是湿地生态水文过程研究的一个天然实验室。

2.1 湿地生态水文观测的意义与目标

湿地生态水文要素监测是湿地水文过程与生态过程相互作用机制研究的基础，是认识湿地气象、水文、土壤环境要素变化规律的数据支撑，而且对于从过程和机理的角度定量揭示湖泊湿地水分-土壤-植被之间的关系有重要的作用。考虑到大面积监测在人力、物力的限制，选取典型实验区（或小流域）开展系统监测是科学研究中的常用手段（付丛生等，2011；Li et al.，2011），小流域的生态水文过程完整，并且空间尺度较小，有利于获取详细的原始观测数据。因此，本书以鄱阳湖吴城国家自然保护区的一个典型洲滩湿地监测断面为研究对象，建立气象-水文-土壤-植被多要素联合观测系统，以期深入探明鄱阳湖典型湿地植被群落水文和土壤环境因子的时空变化规律，揭示湿地植被群落特征分布与水土环境因子的关系，同时为生态水文模型的构建提供数据支撑和理论参考。

观测系统建立的科学目标主要有：

（1）获取干湿交替自然条件下，洲滩湿地土壤水分、地下水位、湖泊水位、气象要素的同步观测数据，表征湿地水文、气象要素相互作用机制，为构建湿地水文过程模型提供数据支撑。

（2）结合植被样方调查和立地观测，阐明湿地植被群落分布及其与高程、土壤理化性质、土壤含水量、地下水埋深的关系，为开展湿地生态水文过程模拟研究提供物理基础。

（3）建设成为长期观测实验区，为鄱阳湖湿地生态水文研究提供典型区实验数据和数学模型。

基于上述目标，观测系统的设计主要考虑：

（1）实验区尺度。洲滩湿地具有代表性和典型性，观测的尺度应反映鄱阳湖洲滩湿地植被分布的主要特征且涵盖主要的湿地植被类型。

（2）观测要素。应全面观测对植被生长有影响的气象、土壤含水量、地下水位、湖泊水位、土壤理化性质、地形高程等要素。

（3）观测点位的空间布设。应考虑植被群落沿高程的变化，观测点位应反映该植被变化梯度所对应的水文要素变化。

2.2 实验区的选择与概况

2.2.1 实验区选择

依据系统的观测目标和设计要求，选择鄱阳湖赣江与修河入湖口的冲积三角洲洲滩湿地作为典型湿地进行观测（116°00′11″E，29°14′34″N），观测区位于江西省永修县吴城镇以北的吴城国家自然保护区境内，该湿地断面具有以下特点：

（1）为鄱阳湖典型湖泊洲滩湿地，年内湖水位季节性波动显著，枯水期洲滩出露，植被大量发育；丰水期水位上涨，大部分洲滩被淹没，湿地有着明显的季节性干湿交替现象，能够反映水分的空间梯度变化。

（2）沿高程和土壤水分梯度植被发育典型，从远湖区高地至近湖区低洼地，分别涵盖了中生性草甸、挺水植被、湿生植被等鄱阳湖洲滩主要植被类型，且长势良好，垂直性分带明显，适宜进行植被的长期定点观测。

（3）实验区的典型植被芦苇-南荻群落和灰化薹草群落是鄱阳湖分布面积最广的草洲植被类型，其分布面积约占整个鄱阳湖湿地植被面积的 50% 以上，且是对极端水文事件响应最为敏感的群落类型。

（4）实验区地理位置偏僻，远离村镇，避免了放牧、收割、踩踏等人为因素对植被的干扰，能够反映自然状态下植被的生长演替。

2.2.2 实验区概况

2.2.2.1 地质地貌

实验区洲滩湿地断面示意图见图 2.1，剖面地形由陆地向湖区逐渐倾斜，走向与湖水退水方向一致。地形高程通过水准仪精确测量，远湖区间隔 2m，泥滩带的平坦区间隔 50m，并用高精度 GPS 定位换算为吴淞基面绝对高程，整个观测剖面长约 0.8km，高程差约 7m。地形最高处为赣江右岸的天然堤，河水冲刷严重，主要呈陡坎台地，吴淞高程为 18.4m。近湖区地势逐渐变缓，最低处与鄱阳湖大湖面相接，高程为 11.2m，平均坡度由远湖区的 2‰ 逐渐过渡至近湖区的 0.2‰。洲滩土壤以砂土和粉砂土为主，土壤粒径由远湖区向近湖区逐渐变细，黏粒物质增多，平均干容重约为 $1.25g/cm^3$。

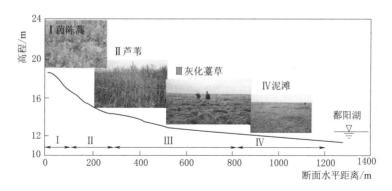

图 2.1 实验区洲滩湿地断面示意图

2.2.2.2 气象水文特征

实验区属于亚热带湿润季风气候区，热量充足，降水丰沛。全年平均气温为 17℃，最低气温出现在 1 月，平均为 4.5℃，最高气温出现在 7 月份，平均为 29.1℃。多年平均降水量为 1400mm，但季节性差异较大，主要集中在 4—6 月，约占全年总雨量的 47%。多年平均蒸发量为 1003mm，其中 7—10 月蒸发最强，约占全年蒸发量的 50%。风向以偏北风为主，平均风速为 3.9m/s，平均湿度为 82%。

地理位置上处于赣江与修河尾闾入湖三角洲前缘，水文特征受赣江、修河及鄱阳湖主湖区水情共同影响。通常 4 月下旬湖水位逐渐上涨，分布高程最低的灰化薹草样带的下部边缘开始逐渐被水淹没，5 月下旬灰化薹草样带基本全部淹没；至 7—8 月（视具体水情条件变化）湖水位上涨到最高水位，此时芦苇样带部分或全部被水淹没，而茵陈蒿样带因地势最高，几乎不被水淹。8 月下旬开始退水，各植被样带逐渐出露，至 10 月底全部草洲完全出露。整个湿地在鄱阳湖水位季节性涨落的规律性波动影响下，形成一个少部分不淹水（断面长约70m）、大部分季节性淹水（剖面长约 800m）的独特的洲滩湿地生态系统。

2.2.2.3 植被特征

实验区植被受鄱阳湖季节性涨落的水位变化影响，不同植被类型根据其水分需求和洪水耐受性的差异占据不同的高程梯度，整体沿高程梯度呈明显的带状分布格局，由陆及水依次分布的四个典型湿地植被样带为：茵陈蒿样带（Ⅰ号）、芦苇样带（Ⅱ号）、灰化薹草样带（Ⅲ号）和泥滩（水域）（Ⅳ号），属于鄱阳湖典型的洲滩湿地植被带状分布格局（图 2.1）。

茵陈蒿群落，以茵陈蒿为优势种，伴生种有狗牙根、棉花草（*Eriophorum angustifolium*）、牛鞭草、白茅（*Imperata cylindrical*）等，常分布于沿河道两侧天然堤和人工防洪堤坝下，是鄱阳湖典型的中生性植被群落。植被群落盖度较大，一般在 60%～80%，年淹水时间很短，一般不超过 1周。研究区的茵陈蒿群落有明显的旱化趋势。

芦苇群落，以芦苇为建群种，主要伴生种为南荻，其次为灰化薹草、藜蒿、蓼草、紫云英（*Astragalus sinicus*）、碎米荠（*Cardamine lyrata*）等，主要分布于高位滩地，是鄱阳湖典型的挺水植被群落。群落结构较为复杂，通常第一层为芦苇（高度为 130～160cm），第二层为南荻（高度为 100～120cm），第三层为灰化薹草、蓼草和藜蒿（高度为 50～80cm），植被群落盖度大，总盖度通常在 100% 以上。一般从 6 月上旬开始逐渐淹水，8 月开始出露。

灰化薹草群落，以灰化薹草为绝对优势种，结构较为单一，盖度通常为100%。常见伴生种为藨草、水田碎米荠、刚毛荸荠、藜蒿、半年粮（*Polygonum criopolitanum*）等，主要分布于低位滩地的 12～14m 高程处，是鄱阳湖区面积最大、分布最广的湿生植被群落。灰化薹草群落一年两生，春草 2 月底萌发，生长期为 3—5 月，受淹后地上部分株体死亡，秋草退水后再次萌发，生长期为 9—11 月。

2.3 气象-水文-土壤-植被多要素联合观测系统的构建

实验区典型洲滩湿地断面生态水文要素观测系统布设见图 2.2。该系统包括地下水位观测井 3 个（深度 8～12m，G1～G3）、土壤水分传感器 2 组（S1～S2）、湖水位传感器 4 个（H1～H4）、微气象站 1 套、波文比观测系统 1 套，通过完整地形剖面测量 [图 2.3 (a)] 和植被、土壤理化性质的人工采样和测量，构成了完整的气象-水文-土壤-植被观测系统，为湿地植被分布与水土环境因子的定量关系研究和数值模型的构建提供了强大的数据支撑。具体观测要素及方法为：

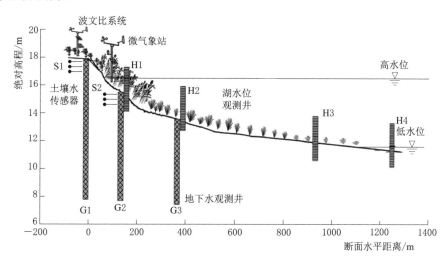

图 2.2　实验区典型洲滩湿地断面生态水文要素观测系统布设图

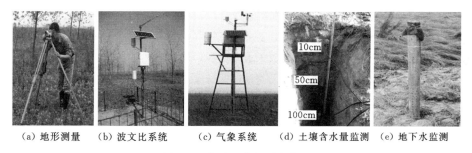

（a）地形测量　　（b）波文比系统　　（c）气象系统　　（d）土壤含水量监测　　（e）地下水监测

图 2.3　实验区数据采集装置

　　（1）气象要素观测：鉴于研究区在空间上属于小尺度（约 1km²），一套微气象系统（意大利 LSI－LASTEM 系统）基本可反映整个断面的气象状况，同时为避免洪水期被湖水淹没，导致数据缺失，故将其安装于地势相对较高的芦苇-南荻群落样区（图 2.3）。主要监测指标包括最高温、最低温、湿度、降雨量、风速和风向、太阳辐射等，数据采集频率为 10min，记录频率为 1h 一次，其中，降水测量精度为 ±0.2mm。

　　（2）地下水位观测：地下水位传感器（DQC001）分别于茵陈蒿、芦苇-

南荻、灰化薹草 3 个典型植被群落的中部位置各布设 1 个,断面水平距离依次为 0m、130m 和 330m。将直径为 50mm 的 PVC 管安插于地下水观测井中,井深为 15~20m,将探头置于枯季地下水面以下 2~3m 处,保证其能捕捉完整的地下水位季节性动态变化,埋藏深度依次为 15.7m、12.6m、13.9m。此外,井口加以密封处理,减少地下水与近地表杂物和大气的交换。地下水监测系统主要监测指标为地下水压力水头,数据采集频率为 1h 一次,测量精度为 ±0.05m。

(3) 土壤水分观测:因土壤水分含量的空间异质性较大,将土壤水分传感器(MP406)分别安装于茵陈蒿和芦苇 2 个典型植被样带的 10cm、50cm 和 100cm 土壤深度,用以反映植被根系层不同深度处的水分动态。其中,灰化薹草样带土壤因全年淹水时间较长(约为 4 个月),且洪水期淹水深度较大,土壤水分探头难以维持长期监测,因此后期未进行布设,代之以人工月度巡测。土壤含水量传感器在安装结束后,对探头周围土体进行了恢复。土壤水分数据采集频率为 1h 一次,测量精度为 ±3%。此外,在植被调查时期,同时采用便携式土壤水分仪(MPKit,ICT 公司)对土壤含水量进行月度人工测量,每个植被样地里每次重复测量 5 次取平均值作为该样地土壤含水量,地面有积水时赋值为饱和含水量。同时,将自动检测的土壤水分数据与便携式水分仪测量结果进行比较和校验。

(4) 湖水位观测:湖水位观测传感器(3001Edge LT)4 个,分别布设于芦苇带、灰化薹草带上部、灰化薹草带下部及近湖区,能捕获鄱阳湖水位的变幅,获取洲滩湿地湖泊水位的消涨过程,推算不同植被带的淹水深度、淹水频率和淹水历时等水情要素。数据采集频率设置为 1h 一次,测量精度为 ±0.01m。

(5) 波文比观测系统:波文比系统(SP300,LSI LASTEM 系统)安装于地形最高处的茵陈蒿样带,用以计算湿地植被群落下垫面与大气系统之间的水分交换通量和转换过程。该系统包括上、下两层大气温湿度观测板(DMA672.1),分别布设于距地面 2.5m 和 1.2m 处;净辐射(DPA240)观测置于地面以上 3m 处;土壤热通量板(HFP01)2 个,测地面以下 10cm 处的土壤热通量;土壤温度探头(TM10K)监测地面以下 10cm 处的土温。所有数据采集频率为 10min 一次,记录频率为 1h 一次。

(6) 土壤属性调查:为调查实验断面土壤水平和垂直方向的物理性状,采用土钻法和环刀法进行断面水平和垂直方向的采样。水平方向,结合各植被群落分布范围,分别在断面水平位置 0 和 60m 的茵陈蒿群落、130m 和 210m 的芦苇群落、320m 和 470m 的灰化薹草群落上部以及 700m 和 870m 的灰化薹草群落下部进行采样(图 2.1);垂直方向上,0~100cm 内每隔 20cm 用环刀法采集原状土和 500g 左右的土样,1~4m 深度内用土钻采集散装土样。所有样品封装好带回实验室,用于测定土壤容重、土壤机械组成。

（7）土壤理化性质采样：2013 年 4 月和 2014 年 12 月沿断面走向分别在不同植被群落的 40 个样地采集土壤样品，每个样地内用土钻采集表层 0～10cm 的混合土壤样品约 500g，用封口袋装好，标号后带回实验室在背光通风处自然阴干，剔除土壤中的植物残体、石块等，磨碎后分成若干份分别过 20 目、100 目和 200 目筛，用以测定土壤理化性质。

（8）植被特征调查：植被调查采用样带法和样方法相结合，沿断面方向布设 2 条间隔 10m 的平行样带，样带以地形最高点的茵陈蒿群落为起点（0m），覆盖茵陈蒿、芦苇和灰化薹草 3 个典型群落（不包括经常淹水的泥滩带），总长 820m。依据各植被群落样带宽度和地形高程，沿着每条样带间隔 30～50m 布设一个 3m×3m 的样地，其中茵陈蒿群落 6 个，芦苇群落 12 个，灰化薹草群落 22 个，共 40 个样地。用 GPS 记录每个样地的地理信息并进行标记，同时记录各样地距离样带起点的水平距离。

2012 年 1 月至 2014 年 7 月，每月在各群落进行随机样方调查（0.5m×0.5m），用钢卷尺测量优势种均高，叶面积指数（LAI）用冠层分析仪（LAI-2200）测定，并在 2013 年度增加调查物种组成、盖度，测量地上生物量。

2013 年 3 月底和 4 月中旬，分别在上述样地设置 1 个 0.5m×0.5m 的样方进行植被调查，此时洪水期尚未来临且洲滩完全出露，物种组成最多。记录样方内所有出现的物种，并估计各物种的盖度，测量其平均株高，最后将样方内的物种全部齐地割下并分类，同时采取土柱法挖取地面以下 40cm 内的全部根茎，样品装入孔径为 1.0mm 的网袋中，带回实验室清洗干净，所有地上、地下部分植株在 80℃干燥箱内烘干到恒重，称取地上和地下生物量。

2013 年 4 月和 8 月，分别对灰化薹草群落和茵陈蒿、芦苇群落进行根系调查，此阶段正值相应群落植被生长最为旺盛且根系发育基本达到最佳状态的月份。挖取 0～100cm 深的土壤剖面，从地表开始依次分层挖取 10cm×10cm×10cm 的土样直至没有明显的根系出现，将各土样置于孔径为 0.05mm 的网筛中洗去土壤和杂质，获取全部的根系，封装带回。用麻纸吸干根系表面的水分，并用根系扫描仪进行扫描分析，测量不同深度植物毛细根（直径＜2mm 的吸水根）的总长度。

2.4　室内实验及数据分析方法

2.4.1　室内实验方法

2.4.1.1　土壤理化指标的测定

将采集的土壤样品带回实验室内进行预处理，之后进行土壤理化指标的测定，测定值包括土壤总碳、总氮、总磷、总钾和 pH 值，测定方法和仪器见表 2.1。

表 2.1 土样理化指标分析方法概况

序号	理化指标	测试仪器及方法	土样类型
1	容重	环刀法	烘干土
2	土壤机械组成	马尔文激光粒度分析仪	风干土
3	pH 值	水浸-pH 法，水土比 2.5∶1	风干土 20 目
4	总碳 TC	元素分析仪	风干土 100 目
5	总氮 TN	元素分析仪	风干土 100 目
6	总磷 TP	电感耦合等离子体发射光谱仪	风干土 200 目
7	总钾 TK	电感耦合等离子体发射光谱仪	风干土 200 目

2.4.1.2 土壤脱湿实验

为获取土壤水分特征曲线参数，采用德国公司生产的 Ku-pF 非饱和导水率测定系统进行土样脱湿实验。参数测量时将土壤样品完全饱和放置在样品容器中，将底部密封，上表面暴露在空气中，以便于水分蒸发（土壤水分脱湿实验过程）。Ku-pF 非饱和导水率测定系统可以同时测定 10 个土壤样品，样品容器被放置在具有星型吊臂的系统上，以一定时间间隔实现周期性的运行。当样品经过天平时，运行了一个周期的土壤样品将得到一次称重，以确定水分的变化量。该系统的主要特点是连续记录张力计所在点位的水分运移，自动计算 pF 和 Ku 数值，可以同时测定非饱和导水率及水分特征曲线。仪器主要组成包括：重量和土壤水势测量平台、数据采集系统和辅助系统。

土壤水分特征曲线的经验公式采用被国内外广泛认可的 van Genuchten（1980）模型，公式如下：

$$\theta(h)=\begin{cases}\theta_{\mathrm{r}}+\dfrac{\theta_{\mathrm{s}}-\theta_{\mathrm{r}}}{[1+|\alpha h|^{n}]^{m}} & h<0 \\[2mm] \theta_{\mathrm{s}} & h\geqslant 0\end{cases} \tag{2.1}$$

式中　θ——土壤体积含水量，$\mathrm{cm}^3/\mathrm{cm}^3$；

　　　h——负压水头，cm；

　　　θ_{r}——土壤残余含水量，$\mathrm{cm}^3/\mathrm{cm}^3$；

　　　θ_{s}——土壤饱和含水量，$\mathrm{cm}^3/\mathrm{cm}^3$；

　　　α——土壤进气值的倒数，cm^{-1}；

n、m——经验拟合参数，$m=1-1/n$。

通过最小二乘法拟合土壤含水率-负压实验观测数据，从而获取 θ_{r}、θ_{s}、α、n、m 等土壤水分特征参数值。

2.4.2　数据统计与分析方法

2.4.2.1　植被特征和水文变量的计算

（1）物种多样性指数代表物种的丰富程度，计算方法如下（孙儒泳等，2002）。

1）物种丰富度指数：

$$R = S \tag{2.2}$$

式中　R——物种丰富度指数；

　　　S——样方内物种的数目。

2）Shannon - Wiener 多样性指数：

$$H = -\sum P_i \ln P_i \tag{2.3}$$

式中　H——Shannon - Wiener 多样性指数；

　　　P_i——物种 i 的重要值（无量纲）。

其中：

$$P_i = (RH_i + RC_i)/2 \tag{2.4}$$

式中　RH_i——样方内物种 i 的相对高度，RH_i = 样方内 i 物种平均高度/样
　　　　　　方内所有物种平均高度；

　　　RC_i——样方内物种 i 的相对盖度，RC_i = 样方内 i 物种平均盖度/样
　　　　　　方内所有物种盖度之和。

（2）水文要素统计指标。湿地水文过程具有高度变化的时间动态，短时段的水文要素很难体现水文过程的完整周期变化。已有大量研究表明，考虑时间变化的生长季平均水情条件对湿地植被的空间分布影响最大（Castelli et al.，2000；Asada，2002；Dwire et al.，2006；Hammersmark et al.，2009），因此，采用植被生长期 3—11 月的水文统计变量代表生长期平均水情条件，用以分析其与植被特征的关系。

首先基于监测数据计算生长季平均地下水埋深（WTD_{ave}），正值指洲滩出露时期地下水位距离地表的距离，负值指地面淹水时的淹水水深。为了估计各植被样方处的 WTD_{ave}，利用已有观测井的 WTD_{ave} 与其对应位置的相对高程（ele）建立统计关系 $WTD_{ave} = -0.94ele + 4.65$，$R^2 = 0.999$，$P < 0.001$，而后进行线性插值获取每个样地的 WTD_{ave}，这种方法在 Henszey et al.（2004）和 Booth and Loheide（2012）等的研究中都有应用。此外，计算各植被样地的土壤水分统计指标，包括生长季平均土壤含水量（SWC_{ave}）、最大土壤含水量（SWC_{max}）、最小土壤含水量（SWC_{min}）和土壤含水量的变异系数（SWC_{cv}）。

2.4.2.2 数理统计分析

植被群落特征、水文要素和土壤理化指标的基础统计分析使用 SPSS16.0 软件完成，利用单因素方差分析 ANOVO 和 LSD 多重比较检验不同群落之间的各环境因子差异的显著性。对于不满足方差齐性要求的，利用非参数检验的 Mann - Whitney U 检验进行比较。Pearson 相关关系用以分析水土环境因子与植被特征的相关关系。"植被-环境"间的关系分析利用 CANOCO4.5 软件中的除趋势对应分析（Detrended Correspondence Analysis，DCA）和典范对应分析（Canonical Correspondence Analysis，CCA）方法。

CCA 方法是一种基于单峰模型的排序方法（Ter Braak，1986），它适用于环境梯度较长的情况，是将对应分析与多元回归分析相结合的方法，又称为多元直接梯度分析。它首先计算一组样方的排序值，然后将排序值与环境因子用回归分析的方法结合起来，从而既反映样方种类组成及生态重要值对群落的作用，同时也反映环境因子的影响（张金屯，2010）。本书利用 CCA 排序方法分析了植被群落分布格局与水土环境因子之间的关系，并给出了影响植被分布的环境因子的重要性排序。

2.4.2.3 广义可加模型

广义可加模型（Generalized Additive Model，GAM）是广义线性模型的半参数扩展，假设函数可加且函数的组成成分是光滑函数，用环境变量的高级多项式来拟合植物种与环境间关系的一种方法，能通过自动选择合适的多项式，不需要估计回归参数，避免了提前确定拟合模型的限制（朱源等，2005）。GAM 模型拟合主要取决于原始数据，故而它能更加深入地探讨单个物种与环境间的关系。本书利用该方法，建立了不同优势种的重要值与水文因子之间的响应模型。

2.4.2.4 高斯回归模型

回归分析是建立因变量物种特征与自变量环境因子之间定量生态关系的重要方法。本书利用回归方法建立了植被特征与关键水文因子变化的统计模型。高斯模型是植物种与环境要素之间较理想的回归模型，因其参数具有明确的生态意义而被广泛应用于植被种与环境关系的研究中（Gause，1931；张金屯，2000）。植物种群特征随着某个环境因子的增加而增加，当环境因子增加到某一值时，物种特征达到最大值，此时的环境因子称为最适环境因子。此后，当环境因子继续增加时，物种特征则逐渐下降，直至消失。高斯模型的方程表示为

$$y = y_0 + A \exp[-(x-u)^2/2t^2] \qquad (2.5)$$

式中　y——能够代表物种生态特征的一个指标，可以是盖度、密度、生物量等；

x——环境因子指标；

u——植物种对某种环境因子的最适值，即相应的生物指标达到最大值时所对应的环境因子值；

t——该物种的耐受度。

种群的可生长生态阈值区间为 $[u-2t，u+2t]$，最适生态阈值区间为 $[u-t，u+t]$。处于阈值区间之外时，植被受到明显抑制甚至被其他物种所取代（Ter Braak and Looman，1986）。高斯模型生态意义解析见示意图 2.4。

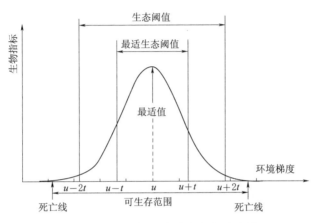

图 2.4　高斯模型生态意义解析示意图

2.4.2.5　波文比能量平衡法

本书采用波文比能量平衡法估算茵陈蒿群落的蒸散发量（戚培同等，2008），液态水汽化需要消耗能量，对于给定的蒸发蒸腾面，其能量平衡方程为

$$R_n=G+H+LE \tag{2.6}$$

式中　R_n——太阳净辐射，W/m^2；

H——感热通量，W/m^2；

LE——潜热通量，W/m^2；

G——地表土壤热通量，W/m^2。

波文比值 β 是感热通量与潜热通量之比。根据相似性原理，在假定水汽湍流交换系数和热湍流交换系数相等的条件下，波文比值为

$$\beta=\frac{H}{LE}=\frac{PC_p}{\lambda\varepsilon}\frac{\Delta T}{\Delta e} \tag{2.7}$$

式中　P——大气压强，约 100kPa；

C_p——空气定压比热容，为 $1.01kJ/(kg^{10} \cdot C)$；

ε——水与空气的分子量之比，为 0.622；

λ——蒸发汽化潜热，为 2.26MJ/kg；

ΔT、Δe——两个高度的温度和水汽压差，由波文比系统观测计算。

将式（2.6）和式（2.7）相结合，则潜热通量可写为

$$LE = \frac{R_n - G}{1 + \beta} \qquad (2.8)$$

式（2.8）中，表层热通量 G 为 0.1m 处土壤热通量板监测的热通量的平均值与土壤热储量 S 之和，其中土壤热储量计算公式为

$$S = \frac{\mathrm{d}Ts}{\mathrm{d}t}(\rho_s C_s + \theta \rho_w C_w)z \qquad (2.9)$$

式中 $\dfrac{\mathrm{d}Ts}{\mathrm{d}t}$——1h 内土壤温度的变化；

$\quad \rho_s$——土壤干容重，为 1350kg/m³；

$\quad C_s$——土壤比热，840J/(kg¹⁰·C)；

$\quad \theta$——10cm 处的土壤体积含水量 cm³/cm³；

$\quad \rho_w$——水的密度，为 1000kg/m³；

$\quad C_w$——水的比热，为 4190J/(kg¹⁰·C)；

$\quad z$——土壤热通量板埋深，为 0.1m。

将计算的每小时的潜热通量参照 Perez et al.（1999）的拒绝域方法进行筛选和校正，剔除奇异值。在校正后的基础上，将白天的潜热通量累加求和，得到日潜热通量，进而利用下式计算日实际蒸散发 ET_a(mm/d)：

$$ET_a = 1000 \times \frac{0.0036LE}{\lambda \rho_w} \qquad (2.10)$$

2.4.2.6 数值模拟方法

数值模拟是研究土壤水分运移规律的一种重要手段，其适用范围广且能够实时输出连续的多种水循环要素变化。HYDRUS-1D 模型（Šimůnek et al.，2008）是由美国农业部盐土实验室开发的一款用于分析水流与物质在多孔介质中运移的有限元计算机模型，主要包括模拟饱和-非饱和介质的水分运移、溶质运移、能量传输和植物根系吸水等多个模块。本书利用 HYDRUS-1D 的水分运移和根系吸水模块，通过构建茵陈蒿、芦苇和灰化薹草植被群落的一维垂向土壤水分运移模型，探求不同湿地植被群落内地下水-土壤-植被-大气系统的界面水分交换规律，以及群落内主要水分补给来源组成及其对植被用水的贡献。

该模型采用 Richards 方程来描述土壤水分运移，植物根系吸水量作为方程的源汇项，通过根系的垂向分布进行分配，方程的数值求解采用 Galerkin 有限元法进行求解，隐式差分格式进行时间离散。该模型的边界条件灵活，包

括大气边界、变水头边界、流量边界等，且在农田系统、荒漠系统以及湿地系统都有着广泛的应用基础，适用于模拟湿地饱和-非饱和带水分运移规律，评价地下水、土壤水分和植被用水之间的相互作用。

2.5　本章小结

　　本章首先从研究目标出发，介绍了吴城鄱阳湖典型洲滩湿地实验小区选取的基本原则，并从地理位置、地形地貌、水文气候、土壤属性、植被类型等方面详细描述了实验区湿地的生态水文特征。其次，介绍了湿地水文-气象-土壤-植被多要素联合观测系统的野外构建，包括仪器布设、监测指标及频率、采样实验设计、室内实验处理等。最后，针对不同的研究内容介绍了本书数据分析所采用的统计方法、数量生态学方法、统计模型以及数学模型等。这为湿地系统生态水文过程研究提供了理论和实践参考。

第3章 典型洲滩湿地水土环境因子变化规律及其对植被分布的影响研究

植被分布格局是指植被群落在某一区域内的布局状况，是一种地理现象，是环境条件长期作用而形成的特定格局。植物群落的生物学特征通常由群落物种组成、生物量、丰富度、多样性指数等指标来反映，研究湿地植被群落特征的分布与环境要素的关系始终是湿地生态学的热点。为探究鄱阳湖湿地植被群落特征的分布规律，本章基于选定的典型洲滩湿地断面，采用样带法结合样方方法对植物群落进行季节性采样调查，同时就生境关键水文要素和土壤理化性质进行测量，在此基础上分析湿地植被特征的时空变化特征，探求湿地水文条件和土壤环境因子的变化规律，进而利用数量生态学方法揭示植物群落结构分布与环境要素的生态关系，并建立优势种重要值、植被生物量、物种多样性对关键水文要素响应的统计模型。本研究有助于深入认识鄱阳湖湿地的生态水文过程，同时揭示典型湿地植被群落格局的分布规律及其主要影响因素。

3.1 典型洲滩湿地植被特征的时空变化规律

3.1.1 群落划分及物种组成

鄱阳湖典型洲滩湿地植被生态调查结果显示，研究区从高位滩地到近湖区共可划分为3个典型植被群落：茵陈蒿群落、芦苇群落和灰化薹草群落，群落沿高程梯度呈带状分布且有明显的分界线［图 3.1（a）（b）］，边界位置由优势种重要值沿高程的变化确定［图 3.1（c）］。

研究区植被调查总共发现 18 个物种，分属于 7 科 15 属，其中禾本科植物 8 种，蓼科植物 3 种，菊科植物 2 种，莎草科 2 种，伞科、豆科、十字花科各 1 种，主要为一年生或多年生草本（表 3.1）。不同植被群落的物种组成不同，其中茵陈蒿群落以茵陈蒿为优势种，重要值为 0.50，狗牙根为主要伴生种，群落主要由旱生和中生性多年生草本组成。芦苇群落以芦苇为建群种，重要值为 0.32，主要伴生种为灰化薹草和南荻，重要值分别为 0.31 和 0.16，群落主要由多年生挺水和湿生植物组成，同时有部分一年生草本。灰化薹草群落以灰化薹草为绝对优势种，重要值达到 0.67，其他伴生种主要有刚毛荸荠和藨草。三个群落中茵陈蒿群落与其他群落之间没有共有种，是一个典型的中生性植被

(a) 茵陈蒿群落和芦苇群落分布位置图

(b) 芦苇群落和灰化薹草群落分布位置图

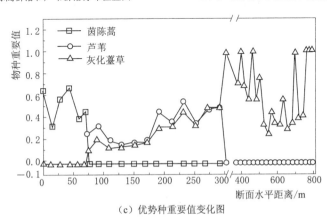

(c) 优势种重要值变化图

图 3.1   洲滩湿地植被群落空间分布和优势种重要值空间变化图

（注：(a) (b) 图中数字代表绝对高程，白色虚线代表野外不同群落分界线，黑色箭头指示地形坡向）

群落，芦苇和灰化薹草群落主要由湿生植物组成，且两群落的共有种较多，说明其生境有一定的相似性。

3.1.2   群落特征的季节动态变化

植被群落的生物学特征通常有均高、盖度、生物量、多样性指数等指标。以 2012 年 12 月—2013 年 11 月各群落中间样方的调查结果，分析不同植物群落特征的季节动态。茵陈蒿和芦苇群落的均高和总盖度年内呈单峰形变化（图3.2），从 3 月开始植株萌发、缓慢增高，覆盖度逐渐增大，到 6—7 月进入生长旺季，株高和覆盖度迅速增高，至 8、9 月达到一年中最大值，而后逐渐枯萎死亡。而灰化薹草群落有两个萌发期，春草 2 月下旬萌发，3—4 月为主要生长期，株高迅速增加，并在 5 月初达到最大，而后由于鄱阳湖丰水期地面淹水而死亡，8 月退水后，秋草再次萌发，从整体来看，灰化薹草群落的覆盖度较高，一般为 80%～100%。

表3.1 不同植被群落物种组成、重要值（平均值±标准差）及生态型

种名	拉丁名	重要值			生态型	科属	生活型
		茵陈蒿群落	芦苇群落	灰化薹草群落			
茵陈蒿	Artemisia capillaris	0.50±0.18	0	0	旱生	菊科蒿属	多年生草本
狗牙根	Cynodon dactylon	0.21±0.16	0	0	中生	禾本科狗牙根属	多年生草本
棉花草	Eriophorum angustifolium	0.11±0.07	0	0	中生	禾本科棉花莎草属	多年生草本
白茅	Imperata cylindrical	0.11±0.12	0	0	旱生	禾本科白茅属	多年生草本
牛鞭草	Hemarthria altissima	0.06±0.11	0	0	旱生	禾本科牛鞭草属	多年生草本
紫云英	Astragalus sinicus	0	0.02±0.02	0	湿生	豆科黄芪属	一年生草本
看麦娘	Alopecurus aequalis	0	0.02±0.03	0	湿生	禾本科看麦娘属	一年生草本
野胡萝卜	Daucus carota	0	0.01±0.02	0	湿生	伞形科胡萝卜属	一年生草本
小叶蓼	Polygonum delicatulum	0	0.04±0.03	0	湿生	蓼科蓼属	一年生草本
南荻	Triarrhena lutarioriparia	0	0.16±0.13	0	湿生	禾本科荻属	多年生草本
芦苇	Phragmites australis	0	0.32±0.12	0	挺水	禾本科芦苇属	多年生草本
灰化薹草	Carex cinerascens	0	0.31±0.14	0.67±0.22	湿生	莎草科薹草属	多年生草本
水蓼	Polygonum hydropiper	0	0.05±0.05	0.02±0.05	湿生	蓼科蓼属	一年生草本
藜蒿	Artemisia selengensis	0	0.05±0.04	0.06±0.07	湿生	菊科蒿属	多年生草本
水田碎米荠	Cardamine lyrata	0	0.01±0.02	0.03±0.04	湿生	十字花科碎米荠	多年生草本
藕草	Phalaris arundinacea	0	0	0.08±0.20	湿生	禾本科藕草属	多年生草本
刚毛荸荠	Eleocharis valleculosa	0	0	0.12±0.16	挺水	莎草科荸荠属	多年生草本
蓼子草	Polygonum criopolitanum	0	0	0.02±0.03	湿生	蓼科蓼属	一年生草本

注 茵陈蒿、芦苇和灰化薹草群落的样方数分别为 $n=6$，$n=12$ 和 $n=22$。

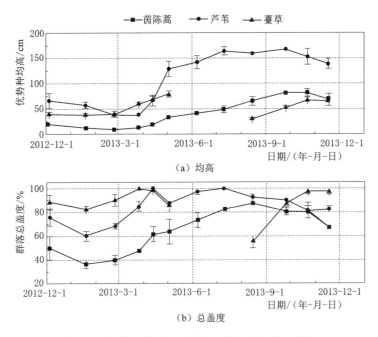

（a）均高

（b）总盖度

图 3.2 植被群落优势种均高和总盖度的季节变化

生物量是湿地生态系统获取能量能力大小的主要体现，图 3.3（a）显示，不同群落生物量的季节变化趋势不同，茵陈蒿和芦苇群落呈明显的单峰变化趋势，在 8、9 月达到最大生物量，分别为 94g/0.25m^2 和 219g/0.25m^2，10 月以后生物量开始减小。灰化薹草群落则为双峰分布，分别在洪水前的 5 月初和洪水后的 11 月达到生物量的顶峰，春草生物量约是秋草的 1～1.5 倍。整体来看，鄱阳湖洲滩湿地春季植被群落生物量要大于秋季，春季生物量基本可代表全年植被生产力水平。

Shannon-Wiener 指数是综合反映群落中物种丰富程度的指标。从季节变化来看，冬季各群落的 Shannon-Wiener 指数都较低，从春季植物萌发开始到 4 月不断增大，4 月下旬达到一年中的最大值，5 月以后逐渐降低［图 3.3（b）］。这主要是因为 3 月气温转暖，多数植物都在经过冬季的休眠后开始萌发，此时的植物种类最为繁多，而此阶段的建群种和优势种也刚开始萌发，种群高度相对较低，盖度较小，为其他植物尤其是很多一年生植物种提供了生存空间，因此春季 4 月物种数目最多。而当进入 5 月，建群种的竞争作用增强，导致许多竞争能力差的一年生物种在遮阴少光中逐渐死亡，此外，一年生草本植物在多年的生态适应中形成了在洪水来临前完成其生长周期的习性，这使得物种数目和密度在 5 月后都开始减小，多样性指数降低。而在退水之后，芦苇和灰化薹草群落的部分物种再次萌发，多样性指数又有一定的升高，但是整体要小于

23

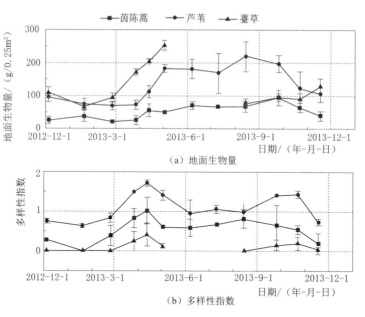

图 3.3　植被群落地面生物量和 Shannon‐Wiener 多样性指数的季节变化

春季。

不同植被群落的多样性指数存在差异,灰化薹草群落的 Shannon‐Wiener
指数全年最小,仅在 3—5 月以及 9—10 月两个萌发期内有一定的升高,分别
达到 0.41 和 0.19,这主要是因为灰化薹草为密集型克隆植物,依靠庞大的地
下根茎进行繁殖,繁殖速度快,密度大,植物覆盖度近 100%,全部呈倒伏状
铺于地面,严重减少了其他物种对光照等资源的获取,抑制了其他物种的定
居。茵陈蒿群落的 Shannon‐Wiener 指数高于灰化薹草群落,最大值为 1.01,
芦苇群落的 Shannon‐Wiener 指数最高,生长季内变化范围为 1.0～1.75。这
主要是因为芦苇群落的分布高程高于灰化薹草群落,植物为了尽可能躲避夏季
的淹水胁迫而在海拔较高的区域生存,因此芦苇带物种数目较灰化薹草带更
多。同时,茵陈蒿群落分布于最高海拔,土壤沙化严重,只有部分需水量少的
中生性植物生长,大部分喜水的湿生物种为避免缺水胁迫而在水分相对充足的
低海拔地段生长,由此芦苇带物种多样性也要高于茵陈蒿样带。

3.1.3　群落特征的空间分布变化

采用春季 4 月洲滩完全出露,物种最为丰富的时段,比较不同群落生物量
和多样性指数的差异(表 3.2)。研究区地上生物量的变化范围为 25.4～
290.5g/0.25m²,不同群落之间存在极显著差异($P < 0.01$),芦苇群落地上

生物量变化范围为 81.4～290.5g/0.25m²，平均地上生物量最大，为 176.3g/0.25m²，灰化薹草群落次之，平均为 107.4g/0.25m²，变化范围为 44.4～190.0g/0.25m²，而茵陈蒿群落最小，平均地上生物量仅 43.0g/0.25m²，变化范围为 25.4～54.1g/0.25m²。地下生物量的变化范围为 53.3～1287.0g/0.25m²，最小值出现在灰化薹草群落，最大值在芦苇群落，不同群落的地下生物量存在极显著差异，其中，芦苇群落的平均地下生物量极显著高于灰化薹草和茵陈蒿群落。

表 3.2 不同群落生物量和多样性指数差异性统计比较

群落类型	统计指标	地上生物量/(g/0.25m²)	地下生物量/(g/0.25m²)	丰富度指数/(种/0.25m²)	Shannon - Wiener 指数
茵陈蒿	均值	(43.0±13.7)c	(82.8±11.9)c	(2.7±1.2)bc	(0.84±0.27)bc
	变化范围	25.4～54.1	64.1～98.6	1～5	0～1.48
芦苇	均值	(176.3±82.8)a	(586.2±418.2)a	(5.0±2.5)a	(1.35±0.48)a
	变化范围	81.4～290.5	150.1～1287.0	2～9	0.69～1.99
灰化薹草	均值	(107.4±54.9)b	(429.4±394.3)b	(2.3±1.1)c	(0.61±0.38)c
	变化范围	44.4～190.0	53.3～1031.3	1～5	0～1.41

注 a、b、c 不同字母表示存在显著性差异，显著性水平 $P<0.05$。

研究区的物种多样性水平较低，物种丰富度指数变化范围为 1～9 种/0.25m²，最大值出现在芦苇群落，最小值出现在茵陈蒿和灰化薹草群落（表3.2）。芦苇群落的物种丰富度最大，平均为 5 种/0.25m²，最大为 9 种/0.25m²，极显著高于灰化薹草和茵陈蒿群落（$P<0.01$），平均分别为 2.7 种/0.25m² 和 2.3 种/0.25m²。不同植被群落的 Shannon - Wiener 多样性指数也存在显著差异，平均变化范围为 0.61～1.35，芦苇群落的多样性指数最大，平均为 1.35，变化范围为 0.69～1.99，灰化薹草群落的多样性指数最低，平均为 0.61，茵陈蒿群落的多样性指数居中，平均为 0.84。

物种数与地上生物量变化满足左偏的对数正态分布（图 3.4），物种数目首先随着地上生物量的增加而增加，当生物量增大到中等偏低的水平 109g/0.25m² 时，物种数达到最大，而后物种数反而随着生物量的继续增加而减少。这就表明在地上生物量高于 109g/0.25m² 的区域，生物竞争会显著减小物种多样性。竞争现象导致的驼峰分布关系在以往的研究也有报道（Garcia et al.，1993；Kassen et al.，2000）。在植被生物量很高的区域，少数生命力强的物种在竞争中占取优势，从而吸收大量的资源快速生长。这种优势种的竞争排斥作用会极大抑制其他物种的存活，减小群落的生物多样性水平，而在植被生物量过低的区域，往往意味着极端的生境类型（干旱、淹水），仅有少数逆境耐受

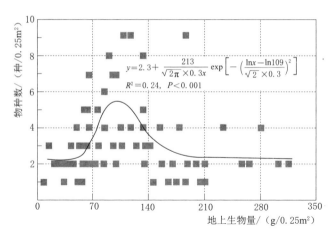

图 3.4　湿地植被物种数与地上生物量的关系

性高的物种可以存活。因此，在适宜的生境条件且生物量适中的环境下，多数物种可以共同生长，多样性水平最高。

　　进一步比较灰化薹草种群特征的空间分布，灰化薹草种群在鄱阳湖洲滩湿地的空间分布范围很广，以优势种和伴生种的群落地位在 12～17m 的高程内都可生长，但不同高程间的长势存在显著差异（表 3.3）。灰化薹草种群地上平均生物量的变化范围为 54.6～190.5g/0.25m²，其中 14m 高程范围内的地上生物量最大（190.5g/0.25m²），极显著高于其他高程，13m 高程范围内的次之（148.2g/0.25m²），12m、15m、16m 高程内的生物量差异不显著（54.6～71.3g/0.25m²）。地下平均生物量的变化范围为 115.5～862.4g/0.25m²，14m、13m 高程范围内的生物量最大，分别为 862.4g/0.25m² 和 763.2g/0.25m²，极显著高于其他高程。根冠比即植物地下与地上生物量的比值，反映的是植物光合作用产物在地上和地下部分的分配，灰化薹草种群平均根冠比变化范围为 2.1～5.1，13m、14m 高程范围内的根冠比最高，平均为 4.5～5.1，极显著高于其他高程范围内的 2.1～2.5。此外，不同高程内的灰化薹草种群高度也有明显差异，14m、13m 高程内的最高，平均为 68.6～74.0cm，极显著高于 15m 高程内的 57.9cm，而 12m、16m 高程的均高最低，为 33.4～39.8cm。整体来看，灰化薹草种群在鄱阳湖洲滩湿地内以 13～14m 高程范围内长势最好，15m 高程内次之，12m 和 16m 高程内长势最差。

　　分析灰化薹草种群生物量沿高程梯度的分布规律，结果显示，其分布格局符合经典的生态学模型高斯模型（图 3.5，$R^2=0.92$，$P<0.001$；$R^2=0.96$，$P<0.001$）。基于高斯模型可知，灰化薹草种群生长的最适高程区间为 [13.3m，14.8m]，可生长高程阈值区间为 [12.7m，15.5m]。当高程低于 12.7m

表 3.3　　　　　　　　不同高程灰化薹草种群特征差异性统计分析

高程 /m	地上生物量 /(g/0.25m²)	地下生物量 /(g/0.25m²)	地下/地上生物量	均高 /cm
16	(54.6±12.4)c	(115.5±33.7)b	(2.1±0.2)b	(39.8±9.4)c
15	(71.3±12.7)c	(178.0±47.0)b	(2.5±0.5)b	(57.9±8.5)b
14	(190.5±41.2)a	(862.4±230.7)a	(4.5±0.9)a	(74.0±10.8)a
13	(148.2±33.0)b	(763.2±254.6)a	(5.1±0.9)a	(68.6±11.4)a
12	(56.0±21.6)c	(132.6±92.1)b	(2.2±0.8)b	(33.4±5.8)d

注　a、b、c不同字母表示存在显著性差异。

或高于15.5m时，灰化薹草种群逐渐死亡。这与野外观测的基本一致，当高程过高或过低时，灰化薹草种群分布密度稀疏、覆盖度低、植株矮小、叶片偏细，长势明显变差。

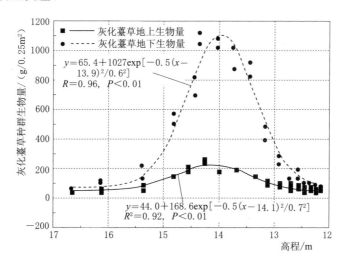

图 3.5　灰化薹草种群生物量沿高程梯度的分布

芦苇为挺水植物，选取退水之后 8 月的调查结果分析其种群特征的空间差异，此时芦苇群落全部出露且各植被指标基本达到年内生长的最终状态，可以反映不同生境下芦苇的差异。结果显示，不同高程的芦苇种群特征存在明显差异（表 3.4）。芦苇种群地上平均生物量的变化范围为 112.2～214.2g/0.25m²，各高程间的差异非常显著，14m 高程的地上生物量约是 15m 和 16m 高程的 1.6～2 倍。地上平均单株生物量也随着高程的降低而显著增加，14m 高程处单株地上生物量最大，为 46g，极显著高于其他高程，16m 高程的单株生物量最小，平均不足 8g。芦苇种群密度随着高程的降低而降低，16m 平均种群密度最大，为 15.6株/0.25m²，极显著高于 15m 和 14m 高程的 5.0～6.2

株/$0.25m^2$。芦苇种群均高在各高程间差异显著，14m 高程的平均株高最高
（216.0cm），极显著高于 15m（177.8cm）和 16m（165.6cm）高程。此外，芦
苇平均基茎粗也随着高程的降低而增加。总体来说，芦苇种群特征存在明显的
空间差异性，随着高程的降低，主要发育为低密度、高株体、粗茎秆、高生物
量的芦苇种群。

表 3.4 不同高程芦苇种群特征差异性统计分析

高程 /m	地上生物量 /（g/$0.25m^2$）	单株生物量 /g	密度 /（株/$0.25m^2$）	均高 /cm	基茎粗 /mm
16	(112.2±12.4)b	(7.7±2.5)b	(15.6±2.3)a	(165.6±7.0)b	(5.6±0.7)c
15	(138.0±25.1)b	(22.2±4.7)b	(6.2±1.5)b	(177.8±11.4)b	(7.1±1.2)b
14	(214.2±54.2)a	(45.9±19.8)a	(5.0±1.0)b	(216.0±28.5)a	(8.6±1.0)a

注 a、b、c 不同字母表示存在显著性差异。

通过上述分析可知，鄱阳湖湿地植被群落特征（生物量、多样性指数、形
态特征等）在不同高程间都有显著差异，这与鄱阳湖独特的水文过程密不可
分，高程作为第一影响变量，最终体现的是水情的空间差异，而水情要素直接
影响植物区系的组成和群落的分布，因此我们进一步分析洲滩湿地水文要素的
时空变化。

3.2 典型洲滩湿地水文要素变化及影响因素分析

基于观测数据显示，2012 年实验区全年降水量为 1746mm，季节性分配
差异明显，年内降水主要集中在 3—5 月，占全年总量的 53%。年平均气温为
17℃，平均湿度 80%，最低气温出现在 1 月，为 −5℃，最高气温在 7 月，
为 36℃。

3.2.1 地下水位变化及其与降水和湖水位的关系

选取茵陈蒿群落的地下水观测数据分析地下水的年内动态特征，以此探求
鄱阳湖典型洲滩湿地地下水位变化规律。图 3.6 显示，洲滩湿地的地下水埋深
有明显的季节变化，最大变幅可达 10m。地下水最大埋深近 10m，出现在 1
月，最高地下水位可出露地表，出现在 8 月。一般来说，1—3 月地下水埋深
较大，4 月下旬地下水位开始大幅上涨，涨幅可达 6m，7—8 月维持高水位，
平均埋深在 1m 内，9 月初地下水位开始逐渐下降，整体表现出明显的年周期

图 3.6 洲滩湿地地下水动态变化与降水量的关系

性变化。

地下水的年内变化与降水量的季节性分布有时间上的差异，地下水位峰值与月降水量峰值不同步，地下水峰值出现时间滞后降水峰值 3~4 个月。具体来说，图 3.6 显示年内降水主要集中在 3—5 月，最大降雨量出现在 4 月，单月降水占全年降水量的 24%，而 4 月地下水的涨幅仅占 4—8 月地下水涨幅的 1/3；6 月之后各月降水量大幅减少并趋于稳定，而地下水位在该阶段却是快速上升期，7—8 月始终维持高水位，甚至在 8 月下旬地下水溢出地面。

采用 2011—2012 年茵陈蒿群落观测点位的地下水埋深（WTD）与星子站湖水位（LWL）数据，分析地下水与湖泊水位的关系（图 3.7），发现洲滩湿地地下水位与湖水位年内变化过程线形态一致，出现拐点的时间基本同步，涨落幅度相近，湖水位微小变化都引起地下水位的同步响应。湖水位与地下水埋深之间满足线性关系 $[WTD = (16.40 \sim 0.84)LWL]$，$R^2$ 可达 0.99（$P < 0.001$），表明湖水位是洲滩湿地地下水位变化的驱动因子，实验区为湖滨滩地，含水层多为砂质，渗透性极强，与湖泊有着良好的水力联系，湖泊水位变化会直接引起洲滩湿地地下水位的同步变化。此外，该方程可用于推算未监测时段洲滩湿地地下水埋深的变化。

不同植被群落的地下水埋深存在极显著差异（图 3.8）（茵陈蒿 vs 芦苇群落：$t = -568.5$，$P < 0.001$；茵陈蒿 vs 灰化薹草群落：$t = -973.8$，$P < 0.001$；芦苇 vs 灰化薹草群落：$t = -445.8$，$P < 0.001$）。各群落埋深大小为：茵陈蒿＞芦苇＞灰化薹草。灰化薹草群落的地下水埋深始终最小，变化范围为地面淹水 4.6m（−4.6m）至地下水埋深 6.0m，年平均水深为地下水埋

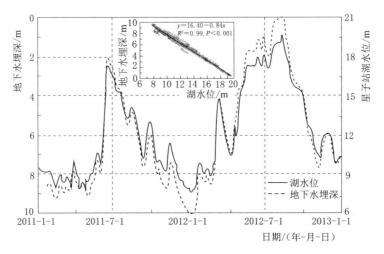

图 3.7　洲滩湿地地下水与湖泊水位关系

深 1.4m；茵陈蒿群落的地下水埋深始终最大，变化范围为 0.04～10m，年平均水深为地下水埋深 5.5m；芦苇群落地下水埋深居中，变化范围为地面淹水 2.9m（-2.9m）至地下水埋深 7.8m，年均水深为地下水埋深 3.3m（图 3.8、表 3.5）。整体来看，沿着洲滩湿地断面高程存在明显的地下水埋深梯度，由远湖区至近湖区，地下水埋深不断减小。

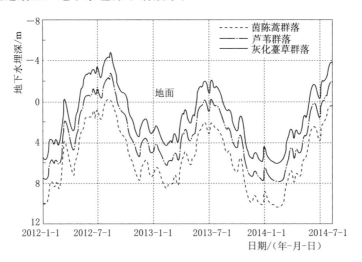

图 3.8　洲滩湿地不同植被群落地下水动态变化
（注：正值为地下水埋深，负值代表淹水深度）

不同群落的地下水埋深动态高度一致，都有明显的季节变化，表现为冬季 12 月至次年 2 月地下水埋深最大，各群落平均埋深都大于 4m，夏季 6—8 月地下水埋深最小，地下水甚至会出露地表，春、秋季的平均埋深居中（表 3.5）。茵陈蒿群落仅夏季地下水埋深较小，平均为 2.1m，其余季节埋深都大于 4m。芦苇群落夏季地下水位最高，平均埋深为 0m，丰水年 5 月下旬地下水出露地表，地面开始淹水，最大水深可达 2.6m，至 8 月底退水，淹水时长近 3 个月，枯水年，地面不淹水，地下水位最高可在 7、8 月接近地表；春、秋季平均地下水埋深分别为 3.1m 和 4.3m，冬季平均埋深近 6m。灰化薹草群落除冬季以外其余季节的平均地下水埋深都在 3m 以内，一般 5 月下旬开始淹水，整个夏季地面处于淹水状态，淹水时长为 3～4 个月；春季地下水平均埋深为 1.2m，秋季平均为 2.4m，冬季埋深最大，为 4.1m（图 3.8、表 3.5）。

表 3.5　　　　　不同季节各群落地下水埋深和地表淹水深度统计　　　　单位：m

群落类型	统计指标	春	夏	秋	冬	年均
茵陈蒿	均值	5.2	2.1	6.6	8.3	5.5
	变化范围	1.7～8.3	0.0～5.2	2.4～9.9	5.8～10.3	
芦苇	均值	3.1	0.0	4.3	6.0	3.3
	变化范围	−0.4～5.9	−2.6～2.9	0.1～7.5	3.7～7.8	
灰化薹草	均值	1.2	−1.9	2.4	4.1	1.4
	变化范围	−2.4～4.2	−4.6～1.2	−1.8～5.7	1.8～6.0	

3.2.2　土壤水分变化及其对降水和地下水的响应

研究区洲滩湿地土壤含水量的变化范围为 2%～55%，不同群落土壤体积含水量的变化规律有明显的差异（图 3.9）。茵陈蒿群落土壤有着明显的季节性干湿交替，各层土壤体积含水量波动剧烈。夏季土壤含水量最高，平均含水量为 22%，最高含水量可达 55%；春季含水量次之，平均为 15%；秋、冬季节土壤含水量最低，平均不足 10%，最低仅为 2%［图 3.9 (b)、表 3.6］。而芦苇群落土壤全年基本处于近饱和状态，土壤含水量没有明显的季节性变化，各层土壤含水量全年始终保持在 40% 以上（2012 年冬季偏低的土壤含水量可能因为安装初期仪器不稳定所导致），仅在秋季退水之后有一定的降低，春、夏、秋季土壤平均含水量为 40%～46%，冬季水分含量较低，平均为 38%［图 3.9 (c)、表 3.6］。整体来看，茵陈蒿群落土壤含水量有明显的季节变化规律，夏季土壤含水量极显著高于其他季节（$P < 0.001$），土壤水分季节性变异系数为 64%～91%；而芦苇群落土壤含水量的季节性差异很小，变异系数为 11%～20%。

不同植被群落土壤含水量对降水和地下水的响应不同。茵陈蒿群落土壤含水量对降水和地下水有明显的响应过程［图 3.9 (a)、(b)］。秋、冬季的地下

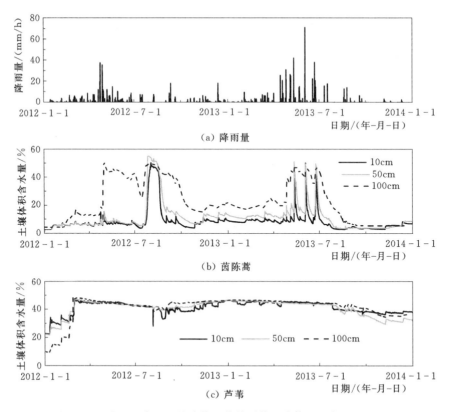

图 3.9 洲滩湿地降雨、茵陈蒿和芦苇群落土壤体积含水量季节变化

水埋深很深（6.6～8.9m），对土壤含水量无显著影响；在雨季 4—6 月和夏季地下水位浅埋期，土壤含水量可迅速达到饱和（约 55%），随着降水结束和地下水位的下降，土壤层逐渐疏干，含水量下降至 10% 左右。然而，芦苇群落土壤含水量没有明显的季节性变化，对降水的响应不明显 [图 3.9 (a)、(c)]。这主要是因为，芦苇群落春、夏、秋季地下水埋深较浅，平均在 0～4.3m 之间，加之芦苇群落土质主要为粉砂土，浅埋的地下水可不断向上补给根区土壤水分，使得 0～100cm 内的土壤可基本维持 40% 左右的高含水量状态，当冬季地下水埋深较深时，土壤含水量有所降低。

不同群落土壤含水量的大小存在明显的差异，茵陈蒿群落不同深度的土壤含水量都极显著低于芦苇群落（10cm vs 10cm：$t = -107.6$，$P < 0.001$；50cm vs 50cm：$t = -81.0$，$P < 0.001$；100cm vs 100cm：$t = -37.8$，$P < 0.001$）（表 3.6）。从整个根系区（0～100cm）来看，茵陈蒿群落根区的年平均土壤含水量为 14%，变化范围为 10%～22%；芦苇群落根区土壤年平均含水量为 41%，变化范围为 37%～43%。

表 3.6　　茵陈蒿和芦苇群落土壤含水量特征值统计表

群落类型	土壤深度/cm	春			夏			秋			冬		
		均值/%	变化范围/%	变异系数/%	均值/%	变化范围/%	变异系数/%	均值/%	变化范围/%	变异系数/%	均值/%	变化范围/%	变异系数/%
茵陈蒿	10	8.7±3.6	5.3~38.6	41.8	13.2±13.9	3.0~49.2	105.3	5.7±2.3	3.2~11.6	39.6	7.3±2.1	2.6~10.9	28.3
	50	11.5±6.2	5.7~45.0	53.6	17.6±16.2	3.6~55.2	92.2	7.7±4.4	3.8~18.7	57.2	8.9±3.7	2.0~15.0	41.2
	100	26.9±13.1	12.4~50.5	48.9	35.4±12.6	7.9~50.0	35.5	15.8±12.4	5.5~43.7	78.3	12.7±6.9	4.3~22.2	54.6
	0~100	15.7±6.6	7.9~43.6	41.7	22.0±13.0	5.1~50.9	59.0	9.8±6.1	4.2~24.5	62.9	9.6±4.1	3.0~15.7	42.4
芦苇	10	45.1±1.0	35.9~46.9	2.3	42.6±2.5	33.4~45.6	5.9	39.4±1.9	34.0~44.8	4.8	39.0±7.2	22.8~46.8	18.5
	50	45.2±0.9	39.3~47.3	2.0	42.6±1.6	37.1~44.3	3.9	38.8±4.8	29.9~45.8	12.3	38.0±8.8	22.2~46.9	23.2
	100	46.2±1.0	44.2~48.3	2.3	43.4±1.5	38.9~45.5	3.6	41.9±3.7	34.8~46.4	8.9	35.1±13.7	9.8~47.0	39.0
	0~100	45.5±0.8	40.7~47.4	1.7	42.8±1.7	37.6~45.0	4.0	40.1±3.3	33.7~45.6	8.3	37.4±9.8	18.2~46.8	26.1

从不同深度来看，茵陈蒿群落仅 100cm 深处土壤年平均含水量在 20％以上，10cm、50cm 深处年平均含水量仅为 9％～11％，而芦苇群落 10cm、50cm、100cm 处土壤年平均含水量都为 42％。从季节上看，茵陈蒿群落 10cm、50cm 处土壤平均含水量变化为 7％～18％，100cm 深处土壤含水量夏春季节较高，变化范围为 27％～35％，其余季节为 15％左右；而芦苇群落不同深度土壤平均含水量季节变化范围为 35％～46％。

空间上，生长季土壤表层含水量沿断面梯度有明显的空间差异［图 3.10（a）、(b)］。整体来看，茵陈蒿群落（0～70m）土壤表层的生长季最大（SWC_{max}）、平均（SWC_{ave}）、最小（SWC_{min}）土壤含水量都最低，SWC_{ave} 不足 15％，SWC_{max} 为 34％；芦苇群落（70～300m）土壤表层的 SWC_{max}、SWC_{ave}、SWC_{min} 都最高，SWC_{ave} 范围为 42％～46％，SWC_{min} 为 32％～38％；而灰化薹草群落（300～820m）的 SWC_{ave} 比芦苇群落略小，为 39％～44％，但

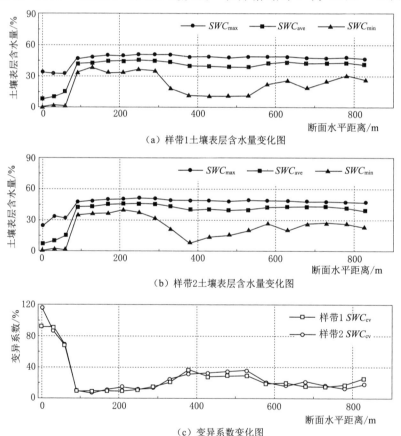

（a）样带1土壤表层含水量变化图

（b）样带2土壤表层含水量变化图

（c）变异系数变化图

图 3.10　土壤表层含水量和变异系数沿洲滩湿地断面的变化图

（注：0～70m、70～300m、300～820m 分别为茵陈蒿、芦苇和灰化薹草的断面分布范围）

SWC_{min} 要显著低于芦苇群落，为 11%～27%。整体来说，茵陈蒿群落的土壤含水量最低且季节性变异最大（$SWC_{cv}=68\%\sim116\%$），芦苇群落的含水量最高且变异最小（$SWC_{cv}=7\%\sim15\%$），灰化薹草群落居中（$SWC_{cv}=13\%\sim38\%$）（图 3.10）。

不同植被群落土壤含水量的垂向分布不同（图 3.11）。茵陈蒿群落不同深度土壤含水量存在极显著差异（10cm vs 50cm：$t=-12.0$，$P<0.001$；10cm vs 100cm：$t=-27.7$，$P<0.001$；50cm vs 100cm：$t=-27.5$，$P<0.001$），土壤含水量都随着土层深度的增加而增加[表 3.6，图 3.11（a）]，10cm 深处土壤不同季节平均含水量的变化范围为 6%～13%，50cm 深处的变化范围为 8%～18%，100cm 深处为 13%～35%，100cm 处含水量极显著大于10cm、50cm 深度，土壤垂向水分梯度为正，且秋冬季的垂向水分梯度小于春夏季。然而，芦苇群落不同深度土壤含水量差异仅为 1%～4%，土壤垂向水分梯度基本不存在[图 3.11（b）]。

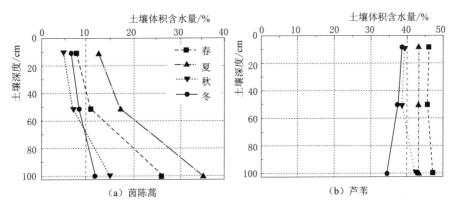

图 3.11　不同季节茵陈蒿和芦苇群落土壤含水量的垂向分布规律

3.3　典型洲滩湿地土壤理化性质变化规律及其与水文要素的关系

湿地土壤是湿地周围环境要素长期相互作用的产物，在湿地生态系统中有着不可替代的作用。对于中小尺度，气候差异引起的土壤分布的差异基本可以忽略，此时，土壤性质的空间变化主要受地形、水文条件和植被群落的影响（Bai et al.，2012；Wang et al.，2014）。本节利用野外测量结果结合统计分析，探求鄱阳湖洲滩湿地土壤理化性质沿高程梯度从远湖区至近湖区的变化规律及其形成原因。

3.3.1 湿地土壤理化因子沿高程梯度的变化规律

首先分析沿洲滩湿地断面土壤质地类型的变化，土壤类型沿高程梯度呈现较强的水平和垂向异质性（图 3.12）。土壤类型测试结果发现，整个湿地断面主要为 3 种岩性，粒径由粗到细依次为砂土（D50＞100μm，干容重约 1.30g/cm³）、粉砂土（30μm＜D50＜100μm，干容重约 1.25g/cm³）和淤泥质（D50＜30μm，干容重约 1.40g/cm³）。从断面水平走向来看，砂土和粉砂土主要分布在高地势处（13～18m），而淤泥质主要分布在毗邻大湖面的地势低洼处（11～12m），其中，茵陈蒿群落以砂土为主，芦苇群落以粉砂土为主，灰化薹草群落上缘地带以粉砂土为主，下缘地带以淤泥质和砂土为主（图 3.12）。这种水平方向土壤属性的异质性，很可能是由于鄱阳湖季节性的水位涨落所致，在高海拔区域主要沉积大颗粒物质，而在靠近湖区的低海拔区域淤泥质成分逐渐增多，主要沉积细颗粒（胡春华等，1995；董延钰等，2011）。从垂直方向上来看，各植被群落的土壤有一定的分层，充分体现了土壤垂向结构的非均质性，茵陈蒿群落为砂土夹粉砂土夹层，芦苇群落为粉砂土夹砂土夹层，灰化薹草下缘地带为淤泥、砂土、粉砂土夹层（图 3.12）。总体来说，土壤类型在水平和垂向尺度上，都呈现出一定的空间异质性。

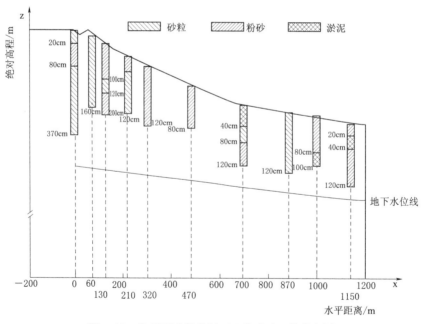

图 3.12　典型洲滩湿地断面土壤质地二维分布图

湿地土壤理化性质指标沿着断面高程梯度的变化都呈曲线分布且达到统计

检验水平（图 3.13）。其中，土壤 TC、TN、TP 的变化范围分别为 $2.8\sim$ $60.5g/kg$、$0.4\sim5.5g/kg$、$0.4\sim5.5g/kg$，沿高程梯度均呈典型的上凸型分布，最大值出现在中等高程梯度的 $14\sim15m$ ［图 3.13（a）、（b）、（c）］；TK

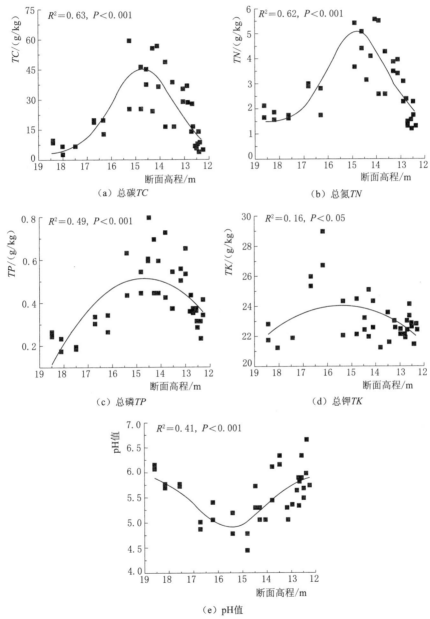

图 3.13　洲滩湿地土壤理化性质指标沿高程梯度的分布规律

（实线为数据最佳拟合曲线）

也呈上凸型分布，变化范围为 21.6～29.4g/kg，最小值出现在最高高程 17～18m，若去掉 17～18m 间的数值，TK 随着高程的降低而减小 [图 3.13 (d)]；土壤 pH 值沿高程梯度呈下凹形分布，变化范围为 4.6～6.6，说明土壤整体偏酸性，其中较低值出现在中等高程的 15～16m，若去掉最高高程 17～18m 间的数值，pH 值随着高程的降低而增大 [图 3.13 (e)]。

3.3.2 土壤因子在不同群落间的差异及与水文要素的关系

不同湿地植被群落土壤的 pH 值和养分指标都存在显著差异（表 3.7）。不同群落土壤平均 pH 值的变化范围为 5.2～5.8，其中芦苇群落的 pH 值平均为 5.2，变化范围为 4.6～5.7，极显著低于茵陈蒿和灰化薹草群落（$P<0.001$）。茵陈蒿群落 pH 值最高，平均为 5.8，变化范围为 5.7～6.1；灰化薹草群落的 pH 值居中，平均为 5.7，变化范围为 5.1～6.6。对于土壤养分元素，芦苇群落的 TN 最高，平均为 3.1g/kg，变化范围为 0.9～5.5g/kg，极显著高于茵陈蒿和灰化薹草群落（$P<0.001$）。茵陈蒿群落的 TN 最低，平均仅为 0.9g/kg；灰化薹草群落 TN 与茵陈蒿相差不显著（$P>0.05$），平均为 1.9g/kg，变化范围为 0.4～5.2g/kg。芦苇群落的平均 TC 和 TK 最高，分别为 33.6g/kg 和 24.8g/kg，与灰化薹草群落相差不显著（$P>0.05$）。灰化薹草群落 TC 和 TK 平均为 21.1g/kg 和 23.1g/kg；茵陈蒿群落的 TC 和 TK 最低，平均分别为 6.8g/kg 和 22.2g/kg。芦苇和灰化薹草群落的 TP 相差不大，平均均为 0.5g/kg，变化范围分别为 0.3～0.7g/kg 和 0.2～0.8g/kg，都极显著高于茵陈蒿群落（$P<0.001$），茵陈蒿群落的 TP 平均为 0.2g/kg。整体来说，芦苇群落的养分元素含量最高，茵陈蒿群落最低，土壤最为贫瘠，灰化薹草群落的养分含量居中，但与芦苇群落差异不显著。

表 3.7 　　　　　　　　　不同植被土壤理化性质指标的差异性比较

群落	pH 值	$TN/(g/kg)$	$TC/(g/kg)$	$TP/(g/kg)$	$TK/(g/kg)$
茵陈蒿	(5.8±0.2)a	(0.9±0.2)bc	(6.8±2.3)b	(0.2±0.0)b	(22.2±0.6)b
	5.7～6.1	0.7～1.3	3.2～9.8	0.2～0.3	21.6～23.2
芦苇	(5.2±0.3)b	(3.1±1.4)a	(33.6±15.2)a	(0.5±0.2)a	(24.8±2.2)a
	4.6～5.7	0.9～5.5	12.2～60.5	0.3～0.7	22.3～29.4
灰化薹草	(5.7±0.4)a	(1.9±1.4)b	(21.1±15.8)ab	(0.5±0.1)a	(23.1±0.8)ab
	5.1～6.6	0.4～5.2	2.8～58.0	0.2～0.8	21.6～24.7

注 　a、b、c 不同字母表示存在显著性差异。

土壤养分条件的差异受有机质输入和输出、水分条件以及土壤属性差异的影响。水文要素与土壤理化因子的相关性分析见表 3.8，结果再次表明水文过程直接影响湿地土壤的理化环境。湿地土壤 pH 值与 SWC_{ave} 呈显著负相关，与 SWC_{cv} 和 WTD_{ave}（>0）呈显著正相关，这表明地下水位埋深越浅、土壤平均含水量越大且变异性越小，湿地土壤酸性越强。土壤 TN、TC、TP、TK 与 SWC_{ave} 呈极显著正相关，与 SWC_{cv} 呈显著负相关，表明高水分、低变异的土壤环境下土壤养分含量也较高。此外，平均地下水埋深（WTD_{ave}）与土壤养分条件没有显著的相关关系，可是当将 WTD_{ave} 分为大于和小于 0 m 的 2 个独立序列时，我们发现 WTD_{ave} 大于 0 m 的序列，其土壤 TN、TC、TP 与 WTD_{ave} 都呈极显著负相关，也即地下水埋深越深，土壤养分条件越低；而 WTD_{ave} 小于 0 m 的序列，其土壤 TN、TC、TP 与 WTD_{ave} 呈极显著正相关，也即淹水水深越大，土壤养分含量越小。

表 3.8　　　　　　　　　　水文要素与土壤理化指标的相关系数

相关系数	pH 值	TN	TC	TP	TK
SWC_{ave}	$-0.40*$	$0.41**$	$0.46**$	$0.52**$	$0.42**$
SWC_{cv}	$0.39*$	-0.30^{NS}	$-0.34*$	$-0.38*$	$-0.45**$
WTD_{ave}	-0.14^{NS}	-0.03^{NS}	-0.09^{NS}	$-0.39*$	0.12^{NS}
$WTD_{ave}>0$	$0.48*$	$-0.74**$	$-0.78**$	$-0.85**$	-0.14^{NS}
$WTD_{ave}<0$	-0.14^{NS}	$0.79**$	$0.79**$	$0.63**$	-0.02^{NS}

注　NS 代表不显著，$*$ 为 $P<0.05$，$**$ 为 $P<0.01$。

　　茵陈蒿群落位于研究区的最高处，地下水埋深最深，平均在 4m 以下，土壤表层含水量最低且变异性最大，植被生物量最小，有机质输入最少，加之该群落主要为砂质土壤，粒间孔隙大，土壤的通气状况好，有机质的分解速率很快，因此，茵陈蒿群落的氮磷钾等元素更易流失，土壤养分条件最差。而芦苇和灰化薹草群落土壤水分含量较高，有机质的输入量（植物生物量）显著高于茵陈蒿群落，因此养分含量整体较高。此外，位于高程最低区域的灰化薹草群落，因为离湖岸最近，受湖水涨落冲刷的影响被水体带走的地表植物残体也较多，而且下缘地带的生长季平均水位在地表以上，地表淹水使得几乎没有氧气扩散，厌氧环境下有机质极难分解，因此，灰化薹草群落的养分含量略低于芦苇群落。

3.4　典型洲滩湿地植被群落特征与水土环境因子的关系

3.4.1　植被群落特征与水文和土壤因子的相关性分析

　　气候背景一致的情况下，植被群落特征是水文条件和土壤环境综合作用的结果。相关性分析表明（表 3.9），植被地上、地下生物量与 TC、TN、TP 和 SWC_{ave} 呈极显著正相关，与 TK 和 SWC_{cv} 相关性不显著，与 pH 值呈极显著负相关，这说明高养分、高水分的土壤环境有利于生物量的积累，土壤水分变异性和 TK 对生物量影响较小。此外，对于 WTD_{ave} 大于 0 m 的序列，其地上、地下生物量与 WTD_{ave} 都呈极显著负相关（$r = -0.86$，$P < 0.001$；$r = -0.93$，$P < 0.001$），也即地下水埋深越小，生物量越大；而 WTD_{ave} 小于 0 m 的序列，其地上和地下生物量与 WTD_{ave} 呈极显著正相关（$r = 0.95$，$P < 0.001$；$r = 0.97$，$P < 0.001$），也即地表淹水深度越大，生物量越小。总体表明：地下水埋深过深或地面淹水深度过大都不适宜生物量的积累。综上比较各相关系数的大小可知，影响湿地植被生物量积累的环境要素排序为：地下水埋深＞养分元素＞土壤含水量＞pH 值。

表 3.9　　　　　　植被群落特征与水文和土壤环境因子的相关关系

植被特征	SWC_{ave}	SWC_{cv}	WTD_{ave}	pH 值	TN	TC	TP	TK
地上生物量	0.51 * *	-0.27^{NS}	0.10^{NS}	-0.43 * *	0.76 * *	0.77 * *	0.76 * *	0.08^{NS}
地下生物量	0.42 * *	-0.15^{NS}	0.08^{NS}	-0.30^{NS}	0.71 * *	0.73 * *	0.70 * *	0.02^{NS}
物种丰富度指数	0.23^{NS}	-0.39 *	0.42 * *	-0.44 * *	0.26^{NS}	-0.25^{NS}	0.07^{NS}	0.40 *
Shannon – Wiener 指数	0.21^{NS}	-0.40 *	0.42 * *	-0.40 *	0.20^{NS}	0.18^{NS}	0.01^{NS}	0.36 *

注　　* * 为 $P < 0.01$，* 为 $P < 0.05$。

物种多样性指数是一个地区物种丰富程度的体现，是生物和非生物因子共同影响的结果。表 3.8 显示，物种丰富度指数和 Shannon – Wiener 指数与 TC、TN、TP 没有显著的相关关系，但与 TK 有显著的正相关。这表明，土壤养分的高低不是影响物种丰富程度的因素，但是 TK 含量的增高能提高区域物种的丰富程度。此外，物种多样性指数与 pH 值和 SWC_{cv} 呈显著负相关，与 WTD_{ave} 呈极显著正相关，与 SWC_{ave} 相关性不显著。这说明低变异的土壤水分环境有利于更多物种的存活定居，淹水会减小物种多样性，且与淹水环境相比，物种更喜欢定居在地下水埋深较深的区域。

3.4.2　植被群落空间分布与环境要素的典范对应分析

首先，构建 40 个样方 18 个物种的重要值组成的物种信息矩阵，和 40 个样方对应的水文和土壤因子组成的环境因子信息矩阵。对数据进行正式分析之前，先对物种矩阵进行 DCA 排序，通过比较排序轴的梯度长度来确定选用基于线性或是单峰模型的排序方式。DCA 排序结果显示环境梯度长度最大为 11.66，远大于临界长度 4，因此，不适合用线性排序（张金屯，2011），选择基于单峰排序的 CCA 方法进一步分析植物种-环境之间的关系。

图 3.14 为湿地植被样方与环境因子的 CCA 排序图。排序图将所有的植被样方很好地划分为 3 个不同的植被群落，轴 1 和轴 2 的特征根分别是 0.97 和 0.48，共解释了物种变化的 80%。这说明选取的水文和土壤要素能够捕捉到植被空间分异的绝大部分信息，排序效果是满意的。

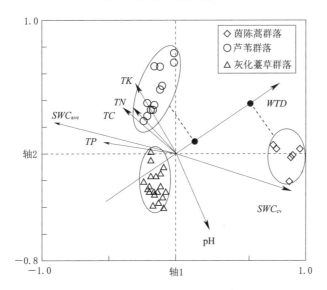

图 3.14　湿地植被群落样方和环境因子的 CCA 排序图
(注：$n=40$，箭头代表环境因子，黑色短画线代表群落样方沿环境因子
WTD_{ave} 的投影，黑色圆点代表群落投影的垂足位置)

由表 3.10 可知，轴 1 与 SWC_{cv} 和 WTD_{ave} 呈极显著正相关（$r=0.87$ 和 0.80），与 SWC_{ave} 和 TP 呈极显著负相关（$r=-0.95$ 和 -0.57），与 TC 和 TN 呈较显著负相关（$r=-0.40$ 和 -0.34），这表明，沿着轴 1 从左到右，土壤含水量、土壤养分（TC、TN、TP）逐渐减小，而土壤水分的变异性和地下水埋深逐渐增大，整体代表着生境向水分匮乏、养分贫瘠的环境过渡。此外，轴 2 与 pH 值呈极显著负相关（$r=-0.59$），与 WTD_{ave} 和 TK 呈极显著正相关（$r=0.54$ 和 0.56），与 TN 和 TC 呈较显著正相关（$r=0.37$ 和 0.34），这表明，沿着轴 2 从下到上，地面淹水水深由深变浅，地下水位逐渐下降，土壤养分（TK、TC、TN）含量逐渐增加，酸性程度增大。茵陈蒿群落位于 CCA 排序图的右侧，与其他群落明显分离，这说明其生境类型与其他群落存在显著的差异，主要分布在土壤含水量极低且水分变异很大的区域；芦苇群落与灰化薹草群落沿着轴 2 分离，芦苇群落主要分布在地下水埋深较深且 pH 值较小、养分含量较高的区域，而灰化薹草群落分布在地下水埋深较浅区域。

表 3.10

CCA 排序分析结果统计

变量	轴 1	轴 2
CCA 特征根	0.97	0.48
累积百分比贡献	53.4	80.0
SWC_{ave}	$-0.95**$	0.24^{NS}
SWC_{cv}	$0.87**$	-0.29^{NS}
WTD_{ave}	$0.80**$	$0.54**$
pH 值	0.27^{NS}	$-0.59**$
TN	$-0.34*$	$0.37*$
TC	$-0.40*$	$0.34*$
TP	$-0.57**$	0.09^{NS}
TK	-0.32^{NS}	$0.56**$

注　$**$ 为 $P<0.01$，$*$ 为 $P<0.05$。

从环境因子箭头长短（相关系数大小）来看，植被群落空间分布格局的影响因素大小排序为：水文要素指标＞pH 值＞土壤养分指标（图 3.14）。将茵陈蒿、芦苇、灰化薹草群落样方垂直投影于环境因子及其延长线上，垂足位置代表了各群落在该环境因子上排列的相对位置，针对每个环境因子的投影都将展现 1 组植被群落沿该环境梯度的分布格局，共能产生 8 组分布。对于研究区茵陈蒿、芦苇、灰化薹草群落的野外实际分布位置，我们发现，实际分布与 CCA 排序图中植被群落沿地下水埋深梯度（WTD）的投影位置保持一致。因此，我们基本可以认为，从群落尺度上看，研究区植被空间分布的最主要的影响因素为生长季平均地下水埋深梯度（WTD_{ave}，地下水埋深和淹水深度）。

一般来说，在河流岸滩湿地和洪泛平原湿地，沿着地形坡度、高程或距离水体的远近，存在明显的水分梯度，如从地下水埋深不断减小到地面淹水深度不断增加、淹水频率不断升高等梯度，它们被认为是决定季节性淹水湿地植被带状分布的主要环境因子（Henszey et al.，2004；Leyer，2005）。物种沿水分梯度的分布，通常直接体现了它们的水分需求和洪水耐受性（Luo et al.，2008；Li et al.，2013）。这与我们的研究结果一致，耐旱的中生性茵陈蒿群落分布在地形较高、水分最匮乏的区域，而喜水的湿生和挺水植物群落分布在地形较低、地下水埋深浅、土壤含水量高的区域。此外，灰化薹草群落具有发达的通气组织使其具有较高的洪水耐受性，同时独特的生长习性使其能在洪水来临前完成生命周期而退水后再次萌发（胡振鹏等，2010；秦先燕等，2010），这些因素共同导致灰化薹草群落分布区域的淹水水深比芦苇群落要高。

3.4.3　优势种重要值对水文要素响应的 GAM 模型分析

基于种群尺度，建立茵陈蒿、芦苇、灰化薹草 3 种优势种对不同水文要素的响应模型（图 3.15），物种响应模型可用于预测未来水文条件变化后优势种的演替趋势。图 3.15（a）显示，3 种物种分别占据不同的生态位，当 $SWC_{ave}<$ 15% 时，茵陈蒿为绝对优势种（重要值 >0.4）；当 $15\%<SWC_{ave}<28\%$ 时，为茵陈蒿和灰化薹草的混生群落；当 $28\%<SWC_{ave}<42\%$ 时，茵陈蒿消失（重要值为 0），灰化薹草为优势种（重要值为 $0.4\sim0.8$）；当 $SWC_{ave}>42\%$ 时，灰化薹草优势地位下降，变为以芦苇为优势种（重要值 ≈0.4）而灰化薹草为伴生种（重要值 ≈0.2）的混生群落。整体来说，灰化薹草适宜的土壤水分范围最宽，芦苇的最窄，这也使芦苇对水情变化更为敏感。图 3.15（b）为不同物种对土壤水分变异程度的响应，当 $SWC_{cv}\leqslant20\%$ 时，为芦苇和灰化薹草的混生群落；$20\%<SWC_{cv}\leqslant50\%$ 时，芦苇消失，为灰化薹草的单种群优势群

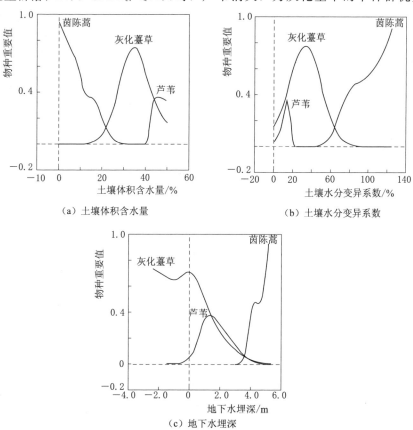

（a）土壤体积含水量　　　　　（b）土壤水分变异系数

（c）地下水埋深

图 3.15　优势种重要值对生长季平均土壤体积含水量、土壤水分变异
系数和地下水埋深的响应模型

落；当 $50\% < SWC_{cv} \leqslant 70\%$ 时，为灰化薹草和茵陈蒿的混生群落；当 $SWC_{cv} >$ 70% 时，灰化薹草逐渐消失，为茵陈蒿的单优势群落。图 3.15（c）为不同物种对地下水埋深的响应模型，当 $WTD_{ave} > 4m$ 时，为以茵陈蒿为绝对优势种的群落；当 $1.2m < WTD_{ave} < 4m$ 时，茵陈蒿逐渐被芦苇和灰化薹草取代而灭亡，演替为以芦苇为建群种，灰化薹草为伴生种的混生群落；当 $0m < WTD_{ave} < 1.2m$ 时，植被为以灰化薹草为优势种，芦苇为伴生种的混生群落；当 $WTD_{ave} < 0m$ 时，为灰化薹草为绝对优势种的单一群落。

3.4.4 群落特征对地下水埋深响应的高斯模型分析

分析整个洲滩湿地断面植被地上、地下生物量沿生长季平均地下水埋深梯度（WTD_{ave}）的分布，结果显示，地上、地下生物量沿水深梯度从生长季地面平均积水 1 m 至地下水埋深约 4.5m 满足高斯分布（图 3.16）。高斯模型分别能解释地上、地下生物量空间变异的 87% 和 94%（$R^2 = 0.87$，$P < 0.001$；$R^2 = 0.94$，$P < 0.001$）。根据模型公式显示，植被群落地上生物量最大值出现在 WTD_{ave} 为 0.8m 处，耐受度为 0.8m，地上生物量分布最佳的 WTD_{ave} 范围为 [0m，1.6m]，可分布的区间为 [−0.8m，2.4m]［图 3.16（a）］，即当生长季平均地面淹水深度超过 0.8m 或地下水埋深大于 2.4 m 时，植被趋于沼泽化或旱化，生物量锐减。同理，地下生物量最大值出现在 WTD_{ave} 为 0.5m 处，耐受度为 0.6m，分布的最佳 WTD_{ave} 范围为 [−0.1 m，1.1 m]，可分布的 WTD_{ave} 区间为 [−0.7m，1.7m]［图 3.16（b）］。

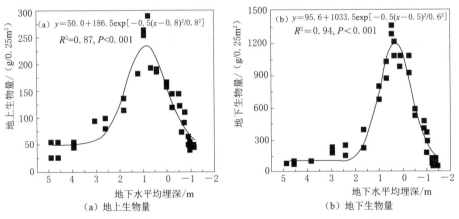

图 3.16 植被群落地上、地下生物量沿地下水埋深梯度的分布模型
（注：实线为拟合线，方程为高斯模型表达式）

生物量分布的最适埋深范围还表明，植物的最适生长环境更偏向于水位在地表以下而非淹水环境，这说明即使是生长在间歇性淹水环境的湿地植物也更

喜欢较高的地下水位环境而不是淹水环境。这与以往研究结果可相印证，如淹水比干旱会更显著的增加物种的死亡率和减小其生物量（Casanova and Brock，2000；王丽等，2009）。事实上，即使是耐淹植物，由于淹水而造成的缺氧胁迫仍是限制湿地植物生长的最重要的环境胁迫（Fraser et al.，2005；Naumburg et al.，2005；Rich et al.，2011）。

Shannon - Wiener 指数和物种丰富度指数沿生长季平均地下水埋深梯度都呈双峰分布（图 3.17），且第一个峰要显著高于第二个峰，各分布格局可以用 2 个联合的高斯分布进行拟合，分别能解释多样性指数空间变化的 71% 和 82%（$R^2 = 0.71$，$P < 0.001$；$R^2 = 0.82$，$P < 0.001$）。根据模型方程，物种丰富度指数和 Shannon - Wiener 指数的最大值分别出现在 WTD_{ave} 为 2.2m 和 2.4m 处，该处是芦苇群落分布的上缘地带，主要物种有芦苇、南荻、灰化薹草、藜蒿、水蓼、野胡萝卜等。

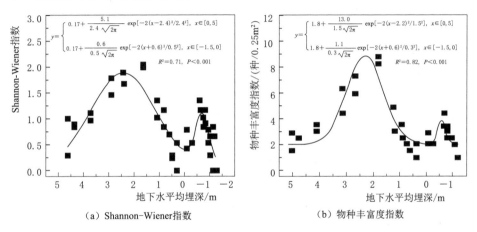

（a）Shannon-Wiener指数　　　　　　（b）物种丰富度指数

图 3.17　物种丰富度指数沿生长季平均地下水埋深梯度的分布模型

本研究的多样性分布格局符合"中度干扰假说"，理论上物种丰富度在中等干扰和资源水平下达到最高（Huston，1979）。在地下水埋深很深或地面淹水环境下，物种丰富度会受到干旱和淹水胁迫的威胁而减小，当地下水埋深在中等范围时，对多数物种而言是适宜的生境，植被保持着较高的多样性（Baattrup - Pedersen et al.，2013；Xu et al.，2015）。然而，在水分资源充足、养分元素高的适宜区域，少数快速繁殖的物种会积累大量的生物量，从而通过竞争排斥严重抑制其他物种的存活，也即当生物量大于一定程度时种群竞争会抑制物种多样性（Kassen et al.，2000；Pausas and Austin，2001）。研究结果如图 3.4 显示，当生物量大于 109g/0.25m² 时，物种数随着生物量的增加而减小，对比图 3.17 与图 3.16（a），我们发现多样性分布格局波谷区域对应的植被样方的地上生物量范围为 114～291g/0.25m²。因此，鄱阳湖湿地生物多样性的双峰分布格局是水分梯度和物种竞争共同作用的结果。

3.5 本章小结

（1）洲滩湿地地下水动态有明显的年内和年际变化，最大水位变幅可达 10m，最大埋深出现在 1 月，近 10m，最高地下水位出现在 8 月，可出露地表。地下水位动态与湖水位变化过程高度一致，湖水是洲滩湿地地下水的主要驱动因子。不同植被群落地下水埋深变化趋势一致，埋深大小为：茵陈蒿＞芦苇＞灰化薹草。

（2）洲滩湿地土壤含水量变化范围为 2％～55％，茵陈蒿群落土壤含水量有明显季节变化，在强降水和地下水位浅埋期最高可达饱和含水量 55％，其他季节平均为 10％～15％。芦苇群落土壤含水量常年基本在 40％以上，对降水响应不明显，仅在秋季退水后降至 37％。整体来说，茵陈蒿群落的土壤含水量最低且季节性变异最大，芦苇群落的土壤含水量最高且季节变异最小，灰化薹草群落居中。

（3）植被地上、地下生物量与 TC、TN、TP 和 SWC_{ave}（生长季土壤含水量变异系数）呈极显著正相关，表明高养分、高水分的土壤环境有利于生物量的积累。物种多样性指数与 TC、TN、TP 没有显著的相关关系，与 SWC_{cv} 呈负相关，与 WTD_{ave}（生长季平均地下水埋深梯度）有显著的正相关，表明土壤养分的高低不是影响物种丰富度的主要因素，低水分变异的土壤环境下植物种更丰富，淹水会减小物种多样性。

（4）湿地植被群落沿高程梯度的分布格局受水文要素和土壤理化因子的共同影响，作用大小为：水文要素＞pH 值＞土壤理化因子，其中 WTD_{ave} 是群落空间分异的主控因素。地上、地下总生物量沿 WTD_{ave} 分布满足高斯模型，最大值分别出现在 WTD_{ave} 为 0.8m 和 0.5m 时，分布最适的 WTD_{ave} 范围为 [0m，1.6m] 和 [−0.1m，1.1m]；Shannon-Wiener 指数和物种丰富度指数沿 WTD_{ave} 梯度呈双峰分布，最大值分别出现在地下水埋深 2.2m 和 2.4m。

第4章 典型湿地植被群落地下水-土壤-植被-大气系统水分运移过程模拟

水分运移是湿地生态水文过程研究的关键，湿地水分在地下水-土壤-植物-大气系统界面的运移和转换是维持能量和营养物平衡的重要环节。土壤水是水分运移过程的一个中枢性转化水体，它向上运行供给土壤蒸发和植物蒸腾，构成地表总蒸散，向下渗漏补给深层土壤或潜水面。在地下水埋深较浅的区域，植被带根系区土层上、下两个界面上都存在水分进入和逸出的双向垂直运动。对地表界面来说，大气降水入渗补给土壤水分，地表蒸发和植被蒸腾消耗水量，对于土层下边界来说，地下水向上运动补给土壤水分和植被用水，同时土壤重力水也会下渗补给地下水。尤其在季节性淹水湿地和河流洪泛湿地，地下水对根系区的向上补给水量在湿地植被的蒸腾用水中有重要的作用，且地下水-土壤-植被-大气系统界面水分的输送转化关系复杂，缺乏从 GSPAC 系统的整体角度，将地表界面和地下界面水分过程统一起来，量化水分在各界面的传输过程。

数值模型模拟已成为水分运移研究的重要手段，本章基于较长时间序列的观测数据，针对鄱阳湖 3 种典型的不同生态型湿地植被群落，分别构建了 HYDRUS-1D 垂向水分运移模型（Šimůnek et al.，2008），模拟了湿地饱和-非饱和带垂向水分运移规律，探求湿地系统地下水-土壤-植被-大气系统水分交换过程，量化了湿地的补排关系，分析湿地植被群落水分补给来源组成的年内年际变化及其对植被蒸腾用水的影响。

4.1 模型概化及水量平衡方程

根据前文所述，研究区茵陈蒿、芦苇和灰化薹草植被群落的水文条件和土壤生态环境各具代表性，因此分别构建 3 个典型植被群落的水分运移模型，详细分析不同群落的水分传输过程。

研究区地面坡降小于 2%，包气带土壤主要为砂土和粉砂土，不存在黏性土夹层，所以水分运动以垂向交换为主，壤中流可基本忽略。同时，地下水水力坡度小于 0.002，饱水带侧向径流微弱。因此，模型主要考虑典型植被群落 GSPAC 系统垂向一维的水分交换。根据试验区不同植被群落水文条件的季节变化，可将研究区分为洲滩出露 [图 4.1 (a)] 和洲滩淹水 [图 4.1 (b)] 2

种情景。茵陈蒿群落地表全年出露，出露时期根区垂向一维水量平衡示意图如图 4.1（a）所示；芦苇群落年内季节性淹水，淹水时期水量平衡模型示意图如图 4.1（b）所示，出露时期的水量平衡关系与茵陈蒿群落一致。

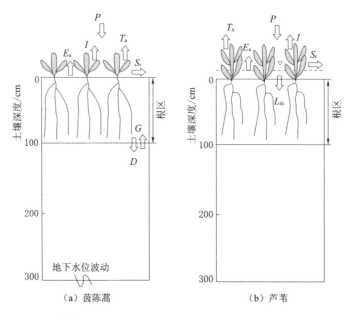

图 4.1　洲滩湿地茵陈蒿群落出露和芦苇群落淹水情况下垂向一维水量平衡示意图

洲滩出露期，地表与大气接触，根系区土壤水量平衡关系可表示为

$$(P-I-S_r)+G-D-E_a-T_a=\Delta W \qquad (4.1)$$

式中　P——降水量，mm；

$\quad\quad I$——植被截留量，mm；

$\quad\quad S_r$——地表产流量，mm；

$\quad\quad G$——地下水向上对根系区的补给量，mm；

$\quad\quad D$——土壤水的深层渗漏量，mm；

$\quad\quad E_a$——土壤/水面蒸发，mm；

$\quad\quad T_a$——植被蒸腾，mm；

$\quad\quad \Delta W$——土壤水储量变化量，mm。

洲滩淹水时期，湿地地面被湖水覆盖，地下水出露地表与湖水混合，此时整个土体处于饱和状态（$\Delta W \approx 0$），根系区土壤底边界上下水势差为零，无向上入渗和深层渗漏（$G=D \approx 0$），降水扣除植被截留量可视为全部转换为地表产流量（$P-I-S_r=0$），此时蒸散发消耗水量全部来自湖水，则水分补排关系可简化如下：

$$L_{in} = E_a + T_a \tag{4.2}$$

式中　L_{in}——湖水入渗量，mm。

4.2　数学模型的构建

4.2.1　模型原理与数学描述

变饱和介质中土壤水分运移过程使用一维 Richards 方程描述（Šimůnek et al.，2008），将植被的根系吸水作为源汇项参与到方程求解，表达式如下：

$$\frac{\partial \theta}{\partial t} = \frac{\partial}{\partial z}\left[K(\theta)(\frac{\partial h}{\partial z}+1)\right] - S(z,t) \tag{4.3}$$

式中　θ——土壤体积含水量，cm^3/cm^3；

$\quad K(\theta)$——非饱和渗透系数，cm/d；

$\quad t$——时间，d；

$\quad h$——负压，cm；

$\quad z$——垂直方向土壤深度，cm，地表为原点且向下为正；

$S(z,t)$——单位体积土壤中根系吸水速率，$(cm^3/cm^3)/d$。

土壤水分特征曲线 $\theta(h)$ 和土壤非饱和渗透系数 $K(\theta)$ 采用 Van-Genuchten 模型（Van Genuchten，1980）进行描述。表达式为

$$\theta(h) = \begin{cases} \theta_r + \dfrac{\theta_s - \theta_r}{[1+|\alpha h|^n]^m} & h<0 \\ \theta_s & h\geqslant 0 \end{cases} \tag{4.4}$$

$$K(\theta) = K_s S_e^{1/2}\left[1-(1-S_e^{1/m})^m\right]^2 \tag{4.5}$$

$$S_e = \frac{\theta - \theta_r}{\theta_s - \theta_r} \tag{4.6}$$

式中　θ_r——土壤残余含水量，cm^3/cm^3；

$\quad \theta_s$——土壤饱和含水量，cm^3/cm^3；

$\quad K_s$——饱和渗透系数，cm/d；

$\quad \alpha$、n——经验参数，主要受土壤组成、容重、孔隙率等影响，$m=1-1/n$；

$\quad S_e$——土壤有效水含量（无量纲）。

根系吸水（S）采用以水势差为基础的 Feddes 模型（Skaggs et al.，2006a，2006b），方程如下：

$$S(z,t) = \alpha(h)r(z)T_p \tag{4.7}$$

式中　T_p——潜在蒸腾速率，cm/d；

$r(z)$——根系吸水分布函数，$1/cm$，反映了根系吸水在垂向土层中的空间差异性，常用的有指数、线性和分段函数，一般采用根长、根重密度进行表示；

$\alpha(h)$——水分胁迫函数，反映了由于土壤水分亏缺导致的植被根系吸水速率的减少。

采用 S - Shaped 模型（Van Genuchten，1987）描述水分胁迫函数：

$$\alpha(h) = \frac{1}{1+(h/h_{50})^p} \tag{4.8}$$

式中　h_{50}——潜在蒸腾速率下降一半时土壤的负压，cm；

　　　p——常数，用来描述蒸腾速率随负压增加的下降坡度。

该模型没有考虑土壤过饱和时由于缺氧而导致的蒸腾速率减小。事实上，因为湿地植物有着丰富的通气组织结构，这种假设在湿地应用中是合理的。

潜在蒸散发（ET_p）利用实测的气象资料和植被叶面积指数，根据联合国粮农组织推荐的 Penman - Monteith 公式计算（Allen et al.，1998），公式如下：

$$ET_p = \frac{1}{\lambda} \left[\frac{\Delta(R_n-G)+\rho_a c_p \dfrac{(e_s-e_a)}{r_a}}{\Delta+\gamma(1+r_s/r_a)} \right] \tag{4.9}$$

式中　ET_p——潜在蒸散发，即充分供水条件下植被蒸腾与土壤蒸发之和，mm/d；

　　　λ——水的汽化潜热，MJ/kg；

　　　R_n——太阳净辐射，$MJ/(m^2 \cdot d)$；

　　　G——土壤热通量，$MJ/(m^2 \cdot d)$；

　　　ρ_a——平均大气密度，kg/m^3；

　　　c_p——空气定压比热容，$J/(kg \cdot ℃)$；

　　　e_s——饱和水汽压，$kPa/℃$；

　　　e_a——实际水汽压，$kPa/℃$；

　　　γ——干湿表常数，$kPa/℃$；

　　　Δ——饱和水汽压与温度之间函数的梯度，$kPa/℃$；

　　　r_a——空气动力学阻抗，s/m；

　　　r_s——表面阻抗，s/m。

其中，表面阻抗和空气动力学阻抗与植被类型及生长状况有关，计算方法分别如下：

$$r_s = \frac{200}{LAI} \tag{4.10}$$

$$r_a = \frac{\ln\left(\frac{z_m - 2/3h}{0.123h}\right)\ln\left(\frac{z_h - 2/3h}{0.0123h}\right)}{0.41^2 u_z} \tag{4.11}$$

式中　LAI——叶面积指数；

　　　z_m、z_h——风速和湿度测量的距地高度，m；

　　　u_z——z_m 高的风速，m/s；

　　　h——植被平均高度，m。

潜在蒸散发（ET_p）进一步根据 Beer 定律（Ritchie，1972）利用 LAI 分割为潜在蒸发（E_p）和植被潜在蒸腾（T_p）：

$$\begin{cases} T_p = ET_p(1 - e^{-k \cdot LAI}) \\ E_p = ET_p e^{-k \cdot LAI} \end{cases} \tag{4.12}$$

式中　k——消光系数，根据以往经验值采用 0.39（Ritchie，1972）。

实际蒸腾 T_a 受土壤含水量的限制，根据式（4.7）求和得到实际蒸腾与潜在蒸腾量的比值（T_a/T_p）被定义为水分胁迫指数（Jarvis，1989），无量纲，变化范围为 0~1。其值越小说明植被生长受到的水分胁迫越大，缺水越严重。实际土壤蒸发 E_a 由模型根据土壤表面含水量变化确定，忽略土壤水分垂直分布情况。绝大多数情况下，表层土壤负压水头高于临界值，实际土壤蒸发量等于潜在蒸发量，当土壤表面负压水头绝对值低于临界值时，土壤蒸发量低于潜在蒸发，临界值取地表最小压力水头的绝对值，即为 10^{-6} cm。

4.2.2　边界条件与初始条件

上边界条件：根据茵陈蒿、芦苇和灰化薹草群落的分布状况，HYDRUS-1D 模型上边界均选在各植被群落的地表。洲滩出露时期，模型上边界条件给定为大气边界，接受降水入渗和蒸散发消耗；地面淹水时期，上边界条件给定为第一类压力水头边界，即地面实际淹水深度。确切而言，模型上边界条件的给定视水情变化而定，茵陈蒿群落因其全年呈出露状态（地面未被水淹），所以整个模拟期均给定为大气边界（通量边界）。为了保证模拟过程的连续性，季节性淹水的芦苇和灰化薹草群落给定为变通量/水头边界条件，即动边界条件，根据监测点水位变化确定洲滩出露和洲滩淹水的时间段，分别赋予模型控制参数 KodTop＝-1 或 1，模型通过判断 KodTop 取值实现通量边界和水头边界条件间的自动转换，即洲滩出露时期为大气边界和淹水时期为压力水头边界。事实上，季节性淹水湿地与滨海沼泽湿地具有一定的相似性，模型中借鉴了间歇性淹水的潮汐湿地水文过程模拟的动边界处理方式，可为类似区域的研究提供参考。

下边界条件：为合理有效地考虑 GSPAC 系统界面水分交换，开展饱和-

非饱和带土壤水分的整体模拟。模型下边界选自各植被群落模拟期内最低地下水位处，以此模拟地下水位季节波动条件下的丰、枯水期土壤水分动态的响应变化。根据地下水位观测资料，将茵陈蒿、芦苇和灰化薹草群落地面以下的10m、8m 和 6m 处分别作为模型的下边界，边界类型为变压力水头边界。

初始条件：模型初始条件给定为 2012 年 1 月 1 日土壤含水率的垂向分布。根据初始地下水埋深，将地下水位以下的饱和土壤层赋予饱和土壤含水量，然后利用不同深度实测含水量和饱和含水量进行线性插值，完成所有离散节点初始含水率的赋值。

4.2.3 土壤质地与层次划分

依据野外调查所获的土壤质地测试结果，土壤属性存在明显垂向异质性。这种固有的异质性及水分运动参数的差异将会对水分运移产生影响，因此，模型中将各群落土壤剖面划分为不同的土壤属性层。茵陈蒿群落划分为 4 层，芦苇群划分为 3 层，灰化薹草为 2 层，不同土壤层的土壤属性及划分依据可参见表 4.1。茵陈蒿、芦苇和灰化薹草群落模拟介质的饱和-非饱和带垂向厚度分别为 10m、8m 和 6m，模型垂向网格剖分单元的空间步长为 10cm。

表 4.1 不同植被群落土壤机械组成和容重

群落类型	土壤深度 /cm	砂 /%	粉砂 /%	黏土 /%	干容重 /(g/cm³)	土壤质地
茵陈蒿	0～20	92.8	6.2	1.0	1.33	砂土
	20～80	91.2	7.8	1.0	1.26	
	80～120	84.2	9.6	6.2	1.35	
	120～1000	54.2	36.4	10.4	1.37	粉砂土
芦苇	0～20	13.6	76.0	11.4	1.35	粉砂土
	20～80	23.1	64.3	12.5	1.24	
	80～800	17.7	68.4	13.9	1.40	
灰化薹草	0～40	32.1	53.4	14.5	1.32	粉砂土
	40～600	40.2	44.1	15.7	1.26	

4.2.4 模型输入与驱动数据

上边界所需主要输入数据有日降水量、风速、太阳辐射、最高气温、最低气温、平均湿度、日照时数等（部分见图 4.2），通过建立的微气象站监测获取。

植被输入数据包括反照率（默认值 0.23）、植物 LAI、平均株高以及根系

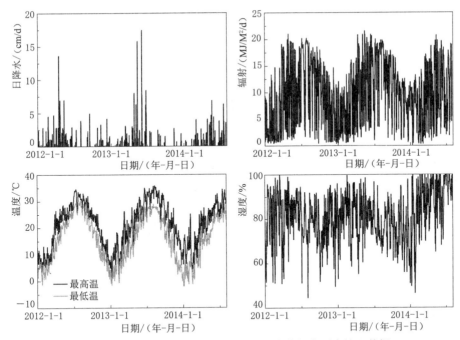

图 4.2　研究区降水、辐射、气温和湿度等气象要素输入数据

层深度和根系吸水密度函数。LAI 和株高采用野外测量值（部分淹水期数据采用 2011 年同期测量值）（图 4.3）。

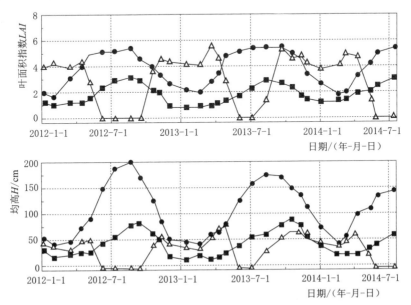

图 4.3　不同植被群落的叶面积指数（LAI）和均高（H）变化

■— 茵陈蒿　●— 芦苇　△— 灰化薹草

根系吸水密度函数采用分段函数描述，用来描述根系吸水速率在土壤剖面上的垂向分布。茵陈蒿、芦苇和灰化薹草群落的根系层深度分别为 100cm、80cm 和 40cm，其中茵陈蒿群落 51% 的吸水根分布在 0～20cm，33% 的吸水根分布在 20～60cm，16% 的吸水根分布在 60～100cm；芦苇群落 51% 的吸水根分布在 0～10cm 内，41% 的吸水根分布在 10～40cm，8% 的吸水根分布在 40～80cm；灰化薹草的主要根系层深度为 40cm，总根长 9875cm，64% 的吸水根分布在 0～10cm，25% 的吸水根分布在 10～20cm，11% 的吸水根分布在 20～40cm。总根长 L_R 代表整个根系层土壤内直径小于 2mm 的毛细吸水根的总长度，各植被群落分别为 3222cm、6217cm 和 9875cm。不同群落正态化的根系密度分布函数 $r(z)$ 的表达式分别如下：

$$r(z)\big|_{茵陈蒿}=\begin{cases}82.2/L_R & 0\leqslant z\leqslant 20cm\\26.6/L_R & 20<z\leqslant 60cm\\12.9/L_R & 60<z\leqslant 100cm\end{cases} \tag{4.13}$$

$$r(z)\big|_{芦苇}=\begin{cases}317/L_R & 0\leqslant z\leqslant 10cm\\85/L_R & 10<z\leqslant 40cm\\12.4/L_R & 40<z\leqslant 80cm\end{cases} \tag{4.14}$$

$$r(z)\big|_{灰化薹草}=\begin{cases}632/L_R & 0\leqslant z\leqslant 10cm\\247/L_R & 10<z\leqslant 20cm\\54/L_R & 20<z\leqslant 40cm\end{cases} \tag{4.15}$$

式中 z——根系深度，cm，$z=0cm$ 为地表；

L_R——总根长，cm。

4.2.5 模型参数化与数值解算

土壤水分特征曲线参数是求解土壤水分运动方程的基础，参数的准确性直接关系到土壤水分动态过程模拟结果的真实性和可靠性。目前常用的获取土壤水分运动参数的方法有直接测定法、函数转换法和参数自动反演法（优化算法）。直接测定法通过野外采样进行室内脱湿实验，然后利用已有的经验模型拟合数据获取参数，因为土壤属性空间变异性强，该方法只是野外散点采样，数据结果通常存在较大的不确定性，因此，直接法测定的土壤水分参数通常只用作参考值或初始值。土壤转换函数法是通过土壤基本属性数据，如容重、机械组成等，利用土壤基本性质与水分运动参数之间的函数关系来推求土壤特征参数，土壤基本性质测定方法比较成熟、简便，结果较为可靠，很多学者利用土壤转换函数法测定土壤参数，然而目前建立的转换函数也普遍存在区域性，在实际应用中必须要对土壤转换法推算的参数进行再次率定，所以土壤转换法更适合于模型中参数初始值的预测，同时也与其他方法结合使用。参数反演算法实际是解逆的过程，利用实测数据反演估算土壤水分运动参数，也就是参数自动的试估-校正的过程。首先设定初始水分运动参数和参数变化范围，然后不断运行求解，通过对实测值与模拟值进行比较，反复调整并反馈土壤水分运动参数，直到模拟值与实测值差距最小，这时土壤水分运动参数达到最优。这种参数率定方法具有简便、快捷、准确的优点，大大提高了调参的效率。

初始化：本模型的初始土壤参数通过土壤脱湿实验中获取的土壤负压和含水率的观测数据，利用非线性最小二乘法来拟合土壤水分特征曲线 Van - Genuchten 模型，基于拟合方程获取初始土壤参数 θ_r、θ_s、α 和 n（图 4.4）。饱和渗透系数 K_s 的初始值根据室内渗透实验测定结果赋予，同时采用土壤机械组成和干容重利用 HYDRUS - 1D 自带的人工神经网络模型（土壤转换函数）推算可能的参数取值，两者结合确定参数率定过程中渗透系数的变化范围为 $38\sim554\mathrm{cm/d}$。

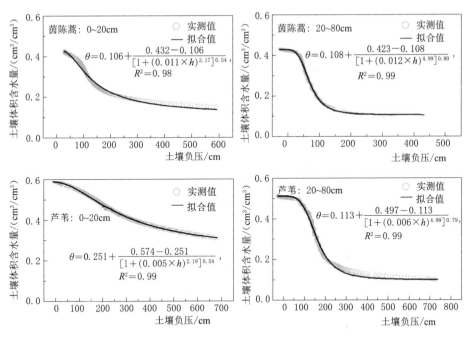

图 4.4　脱湿实验不同群落土壤水分特征曲线 VG 模型拟合结果

水分胁迫方程参数 h_{50} 和 p 的取值与土壤质地和植被类型有关，依据已有文献报道，变化范围分别为 $-950\sim-5000\mathrm{cm}$ 和 $1.5\sim3$（Skaggs et al.,

2006a；Zhu et al.，2009）。茵陈蒿群落的土壤质地主要为粗颗粒的砂土，水分特征曲线显示土壤含水量在负压高于 300cm 以后即迅速降低至 10% 左右，说明土壤水分的疏干过程线较陡，因此，h_{50} 和 p 分别被赋予较大的参数取值 $-950cm$ 和 3，以此代表迅速的土壤脱湿过程。而对于芦苇群落，其土壤质地主要为粉砂土，参考 Xie et al.（2011）在黄河三角洲细砂土芦苇湿地的研究结果，h_{50} 和 p 的初始值分别被赋予 $-2456cm$ 和 3。

数值解算：HYDRUS-1D 模型求解采用有限差分法对土壤水分运移数学模型进行求解。本次模拟中，空间长度和时间单位分别为厘米（cm）和天（d），初始时间步长为 0.001d，最小时间步长为 0.00001d，最大步长为 5d。在数值解算进程中，模型采用自适应步长的方式来自动调整时间步长，直至计算结束。

4.3　模型的率定和验证

模型整个模拟时段为 2012 年 1 月 1 日至 2014 年 7 月 30 日，其中率定期为 2012 年 1 月 1 日至 2013 年 5 月 31 日，验证期为 2013 年 6 月 1 日至 2014 年 7 月 30 日。整个模拟时段内土壤含水量变化范围大，同时包括典型的干、湿时段，以此率定的模型更为有效和可靠，能真实反映不同水文状况下土壤水分环境的变化。

4.3.1　参数率定

所有估计的初始土壤水分运动参数在模型的率定阶段，通过基于野外实测的土壤含水率数据，采用 Marquardt-Levenberg 参数反演法对其进行不断优化（Šimůnek et al.，2008），使模型模拟的土壤含水量与实测土壤含水量之间的误差最小。模型率定和验证后的土壤水分运动参数见表 4.2，茵陈蒿群落上层为砂土，下层为粉砂土，K_s 范围为 75～277cm/d，芦苇和灰化薹草群落为粉砂土，芦苇 K_s 为 45～102cm/d，灰化薹草 K_s 为 35～40cm/d，渗透系数变化与美国农业部给出的相应土质参数参考范围基本一致。残余含水量 θ_r 取值为 0.03～0.04cm³/cm³，与砂土的凋萎含水率接近，比土壤水分特征曲线模型拟合获取的 θ_r 值偏低，主要原因是受实验条件限制，脱湿实验只测定了低吸力条件下的土壤负压（0～700cm），缺乏高吸力条件下的实测数据点，土壤含水量可能尚没有降低至一个恒定值，但本书 θ_r 取值与美国农业部粉砂土和砂土 θ_r 的参考范围 0.034～0.045cm³/cm³ 基本吻合，其他参数取值也都在合理范围内（邵明安等，2006）。

表 4.2　不同植被群落 HYDRUS 模型验证后的土壤水分运动参数取值

群落类型	土壤深度 /cm	θ_r /(cm³/cm³)	θ_s /(cm³/cm³)	α /(1/cm)	n	K_s/(cm/d)
茵陈蒿	0～20	0.04	0.47	0.031	2.31	277
	20～80	0.03	0.49	0.036	2.11	248
	80～120	0.03	0.48	0.008	3.46	183
	120～1000	0.03	0.48	0.022	1.34	75
芦苇	0～20	0.034	0.46	0.008	1.08	102
	20～80	0.034	0.46	0.005	1.14	80
	80～800	0.034	0.46	0.009	1.08	45
灰化薹草	0～40	0.034	0.53	0.016	1.37	40
	40～600	0.078	0.49	0.036	1.24	35

4.3.2　模拟效果检验

利用实测的不同深度土壤含水量数据来率定和验证模型。同时，茵陈蒿群落模拟蒸散发量与波文比能量平衡法估算蒸散发进行比较，而灰化薹草群落因年淹水时间过长，土壤水分探头出现故障，采用人工月度巡测数据进行率定。模型率定和验证期的拟合效果采用均方根误差（RMSE）、相对误差（RE）和相关系数（R）三个统计指标来定量评价，计算公式如下：

$$RMSE = \sqrt{\frac{1}{N}\sum_{i=1}^{N}(S_i - O_i)^2} \tag{4.16}$$

$$RE = \sum_{i=1}^{N}S_i \Big/ \sum_{i=1}^{N}O_i - 1 \tag{4.17}$$

$$R = \sum_{i=1}^{N}(S_i - \overline{S})(O_i - \overline{O}) \Big/ \sqrt{\sum_{i=1}^{N}(S_i - \overline{S})^2 \sum_{i=1}^{N}(O_i - \overline{O})^2} \tag{4.18}$$

式中　S_i、O_i——第 i 个时段的模拟值和观测值；

$\overline{S}$、$\overline{O}$——观测值和模拟值的平均值；

N——总模拟时段数。

RMSE 是对实测值与模拟值绝对误差平均程度的估计，体现的是逐个时间段模拟误差的平均状态，RMSE 越小模拟结果越好；RE 反映模拟值与实测值总量之间的相对误差，正、负分别代表模拟值与实测值相比的偏大和偏小程度；R 是对模拟值与实测值变化趋势一致性的检验，值越大代表模拟效果越好。

4.3.3 率定和验证的结果

各群落土壤含水量模拟值与实测值的变化过程分别见图4.5，拟合效果统计指标见表4.3。整体来看，不同深度土壤含水量模拟值与实测值变化趋势一致，能够再现土壤水分的季节动态。在茵陈蒿群落，模拟的土壤含水量既能体现对小降水事件的响应，也能捕捉到由于地下水位上升和强降水而引起的土壤急剧饱和过程，且能再现土壤含水量的迅速下降过程 [图4.5（a）]。对于芦苇和灰化薹草群落，虽然其土壤水量的季节性变化较小，但整体来看模拟的土壤含水量也能很好的体现实测水量的变化过程，尤其可以模拟出秋季退水后土壤含水量的缓慢下降 [图4.5（b）]。总体来说，模型对长序列土壤含水量变化具有很好的模拟效果，能够反映水位生消变化所致的洲滩湿地土壤干、湿交替过程。

表4.3　不同群落土壤含水量和蒸散发模拟值与实测值拟合效果统计值

植被类型	验证目标	土壤深度/cm	率定期			验证期		
			RMSE /(cm³/cm³)	RE /%	R	RMSE /(cm³/cm³)	RE /%	R
茵陈蒿	SWC	10	0.04	10	0.91	0.03	16	0.85
		50	0.05	0	0.88	0.03	0	0.88
		100	0.07	2	0.87	0.04	8	0.96
	ET_a	—	0.50	−10	0.89	1.01	−8	0.73
芦苇	SWC	10	0.03	0	0.82	0.02	0	0.90
		50	0.03	−2	0.84	0.02	3	0.91
		100	0.04	−2	0.92	0.02	3	0.81
灰化薹草	SWC	10	0.06	4	0.81	—	—	—

注　SWC 验证变量中 RMSE 的单位为 cm³/cm³，ET_a 变量中 RMSE 单位为 mm/d。

然而，茵陈蒿群落2012年初期土壤含水量模拟值对降水的响应非常敏感，实测值却变化很小，这可能与仪器安装初期不稳定有关。另外，在个别降水时段和土壤含水量达到饱和后的快速下降过程，模拟值与实测值的偏差较大 [图4.5（a）]，这主要是因为模型模拟的土壤水对降雨和蒸发作用的响应非常敏感，无法考虑地表枯枝落叶层对降水的滞留作用和对土壤水分损失的减缓作用，所以，土壤含水量模拟值比实测值的波动大，同时也与模型土壤概化和参数的不确定性等原因有关。

采用不同的统计指标对模型的模拟精度进行评价（表4.3），结果显示，率定期和验证期，土壤含水量的模拟值与实测值的拟合效果良好，茵陈蒿群落

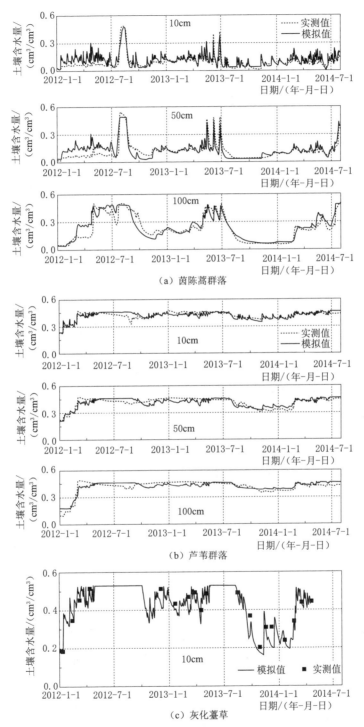

图 4.5　茵陈蒿、芦苇、灰化薹草群落土壤含水量模拟值与实测值对比图

土壤含水量模拟精度的 $RMSE$ 变化范围为 $0.03\sim0.07\text{cm}^3/\text{cm}^3$，$RE$ 的变化范围为 $0\sim16\%$，R 的变化范围为 $0.85\sim0.96$。芦苇群落的土壤含水量模拟精度高于茵陈蒿群落，$RMSE$ 的变化范围为 $0\sim0.04\text{cm}^3/\text{cm}^3$，$RE$ 的变化范围为 $-2\%\sim3\%$，相关系数 R 的变化范围为 $0.81\sim0.92$。灰化薹草群落因为缺少连续的水分观测数据，仅采用人工测量的月度数据进行校正，$RMSE$ 为 $0.06\text{cm}^3/\text{cm}^3$，$RE$ 为 4%，R 为 0.81。统计指标表明，本书构建的水分运移模型的模拟精度较好。

此外，本书在缺乏水分通量监测数据的前提下，仅利用土壤含水量率定模型，但可通过比较年蒸散发量的模拟值与波文比能量平衡法估算值，间接验证土壤/植被-大气界面的水分通量。茵陈蒿群落 HYDRUS 模拟的日蒸散发量与波文比能量平衡法（BREB）估算的蒸散发变化趋势整体较为一致（图 4.6），量值相近，而且能很好地体现出 2013 年 8 月下旬和 9 月初由于土壤表面缺水而引起的蒸散量急剧下降的过程，这说明模型在干旱时期的蒸散发模拟结果上也比较理想（图 4.6）。然而，在 2013 年 10 月两者的差异较大，模拟的蒸散发量由于土壤含水量低于残余含水量产生的严重水分胁迫而显著降低，但是波文比计算蒸散发却没有明显的降低。考虑其差异来源可能为，秋季早晨温差较大，研究区植被叶面上会有一定的凝结水，这部分水量在日出之后会迅速蒸发，波文比系统可以监测到该部分蒸发量，而 HYDRUS-1D 模型中无法考虑露水（也即凝结水）蒸发对蒸散的贡献，使得这部分蒸散发量略偏小。

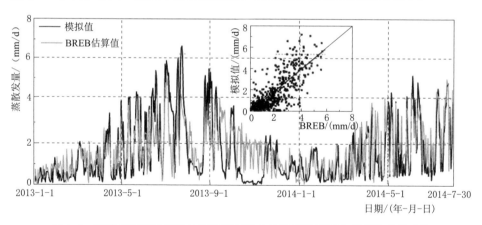

图 4.6 茵陈蒿群落蒸散发量模拟值与波文比能量平衡法估算蒸散发量比较

从统计指标来看（表 4.3），茵陈蒿群落蒸散发的模拟结果较为理想，率定期 $RMSE$ 为 0.50mm/d，RE 为 -10%，R 为 0.89；验证期 $RMSE$ 为 1.01mm/d，RE 为 -8%，R 为 0.73，整体模拟效果较好。总之，拟合统计指标表明三个模型都有较高的模拟精度，验证后的模型可以用于不同植被群落垂向界面水分运移规律分析和情景条件的定量模拟。

4.4　不同植被群落 GSPAC 系统界面水分运移规律分析

4.4.1　植被−大气界面水分通量

植被−大气界面的水分通量为植被蒸腾（图 4.7）。茵陈蒿、芦苇和灰化薹草群落的年蒸腾量分别为 346～470mm、926～1057mm 和 321～528mm，不

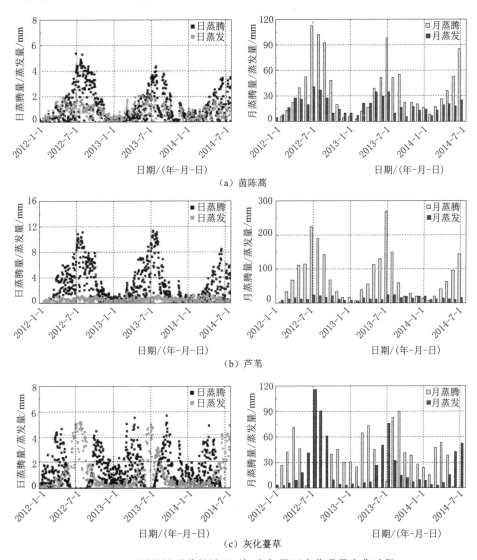

图 4.7　不同植被群落植被/土壤−大气界面水分通量变化过程

同群落蒸腾量的差异主要来源于叶面积指数和生境土壤含水量。植被蒸腾量存在显著的季节变化，茵陈蒿和芦苇群落蒸腾量年内变化呈单峰形，峰值出现在7—8月，占年总量的40%～46%，平均蒸腾量分别为3.7mm/d和8.7mm/d，最大分别可达7mm/d和16mm/d，植物衰亡期12月至次年2月最小，不足20mm/d；灰化薹草群落蒸腾量年内有2个峰值，分别出现在4月和10月，平均为2.4mm/d，最大可达5.4mm/d。植被蒸腾量变化与各群落物种生长过程保持一致。

4.4.2　土壤-大气界面水分通量

土壤-大气界面的水分通量为地表土面蒸发量和降水入渗量。研究区植被覆盖度较高，故地表土壤蒸发量普遍较小，茵陈蒿、芦苇和灰化薹草群落的年地表蒸发量分别为183～201mm、144～177mm和61～95mm（图4.7）。茵陈蒿和芦苇群落的蒸发量季节性差异不明显，夏季7—8月蒸发量最大，为24～30mm/月，冬季12月至次年2月蒸发量较小，为8～13mm/月；灰化薹草群落出露期的土面蒸发量为4～27mm/月。

湿地蒸散量以植被蒸腾为主。茵陈蒿群落在生长旺季7—10月的蒸腾量（40～110mm/月）约是蒸发量的3～5倍，芦苇群落因植被覆盖度常年很高，仅冬季植被蒸腾与蒸发量相差较小，萌发初期3—4月的蒸腾量（20～65mm/月）是蒸发量的2～5倍，其余月份的蒸腾量（110～260mm/月）约是蒸发量的7～11倍。灰化薹草群落通常呈密集倒伏型分布，春、秋季生长期内，蒸腾量（40～70mm/月）是地面蒸发量的6～8倍。

整体来看，湿地植被群落的日蒸散量最大可达7～16mm/d。虽然从气象学的角度来说，夏季晴天最大辐射能力为15MJ/d，也即换算为水分蒸散量最大不超过6mm/d，但是本书研究结果与Allen et al.（1992）的研究结果较为一致。他们研究发现北美湿地香蒲属群落的日蒸散量为10～12mm/d，Herbst and Kappen（1999）在德国北部的一个湖泊湿地的研究也发现，芦苇群落夏季的平均蒸散量为15mm/d，极端天气下甚至会达到20mm/d。这意味着有植被覆盖的湿地系统可能存在较大的向下显热传输或水平平流交换（Pauliukonis and Schneider，2001）。

研究区湿地年降雨量为1640～1746mm，降雨量扣除植物截留损失和少量地表产流后全部下渗，年降水入渗量为1570～1600mm，有明显的季节性差异，其中雨季4—6月的降水入渗量为752～1110mm，占年入渗总量的60%（图4.8）。

实际蒸散机理复杂，影响因素众多，主要包括有能量因素（气象因子）、植被覆盖度（LAI）和水分供应因素（土壤含水量）。从年蒸散总量来看，芦

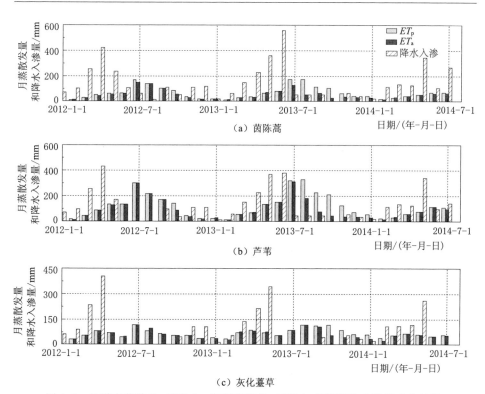

图 4.8　月潜在蒸散发（ET_p）、实际蒸散发（ET_a）以及降水入渗量变化过程

苇群落的年蒸散量最大，为 1100～1210mm，灰化薹草的年蒸散量居中，为 715～783mm，而茵陈蒿群落的年蒸散量最低，为 554～671mm（表 4-4）。与文献结果比较发现，本书计算的茵陈蒿群落年蒸散量要略低于文献报道的鄱阳湖流域蒸散量，可能原因为茵陈蒿群落属于中生性草甸，植被覆盖度较流域偏低，且生境土壤水分含量常年低于 10%，极大地限制了蒸散的水分供应，故而蒸散量较低。灰化薹草群落的蒸散量与流域蒸散量相差不大，芦苇群落蒸散量要高于流域蒸散量，这两种植被群落同属于湿地植被群落，地面覆盖度近 100%，与鄱阳湖流域 90% 以上的森林下垫面有一定的相似性，且土壤水分较为充足。然而芦苇群落的实际蒸散量要略高于鄱阳湖水面的蒸发量，虽然理论上湿地蒸散量不会超过自由水面的蒸发量，但是大量研究显示，有植被覆盖的湿地下垫面蒸散发对净辐射能量的响应更加敏感和显著，水热转换效率比一般水体要高，植被的存在能够增加湿地下垫面的蒸散量（Herbst and Kappen，1999；Pauliukonis and Schneider，2001；邓伟等，2003；郭跃东，2008）。本书芦苇群落的实际蒸散量（ET_a）与鄱阳湖水面的蒸发量（E_0）之比（ET_a/E_0）为 1.02～1.12，这与以往的研究结果有一定的相似性，也间接证明了湿地植被的存在会增加区域蒸发量，起到调节小气候的作用。

表 4.4　　　　　　　植被群落年蒸散发量模拟值与文献结果的对比

实际蒸散发量/mm	研究区域	下垫面	时间	方法	来源
554~671	吴城洲滩	茵陈蒿	2012—2013 年	HYDRUS-1D 模拟波文比估算	本书结果
1100~1210		芦苇	2012—2013 年		
693~794		灰化薹草	2012—2013 年		
600~750	鄱阳湖流域	森林	1955—2001 年	互补相关蒸发模型	刘健等，2010
740~830	鄱阳湖流域	森林	2000—2010 年	遥感	吴桂平等，2013
680~920	鄱阳湖湖区	湿地	2000—2009 年	遥感	赵晓松等，2013
		林地 农田		温度-植被指数法	
1080	鄱阳湖湖面	自由水面	1955—2004 年	器皿折算法	闵骞，2006
1024~1218			2000—2010 年	气候模式法	闵骞，2007

4.4.3　土壤-根系界面水分通量

土壤-根系界面的水分通量主要为植被根系吸水速率，是根系在单位时间内从单位土壤中吸收的水分的体积，也是植被蒸腾水量在根系区的垂向分配，主要受蒸腾量和根系分布的影响。

茵陈蒿群落根系吸水速率等值线图见图 4.9。剖面上，根系吸水速率随土层深度增加而减小，主要吸水深度集中在 80cm 内，并且在 40cm 内是主要吸水区。时间上，吸水量大小有明显季节变化，4 月份之前吸水速率较小，为 $0\sim0.002$ $(\mathrm{cm}^3/\mathrm{cm}^3)/\mathrm{d}$，5—6 月吸水速率开始增大，为 $0.002\sim0.004(\mathrm{cm}^3/\mathrm{cm}^3)/\mathrm{d}$，7—8 月达到最大，平均为 $0.012(\mathrm{cm}^3/\mathrm{cm}^3)/\mathrm{d}$，最大可达 $0.02\sim0.032(\mathrm{cm}^3/\mathrm{cm}^3)/\mathrm{d}$，10 月之后随着植株的枯萎和土壤水分的减小，吸水速率逐渐减小至 $0.002(\mathrm{cm}^3/\mathrm{cm}^3)/\mathrm{d}$ 以下。年际上，2013 年的吸水量小于 2012 年。

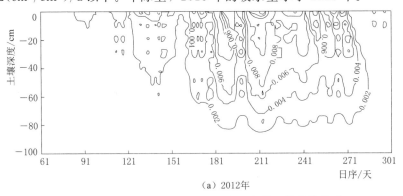

(a) 2012年

图 4.9（一）　茵陈蒿群落根系吸水速率模拟值等值线图

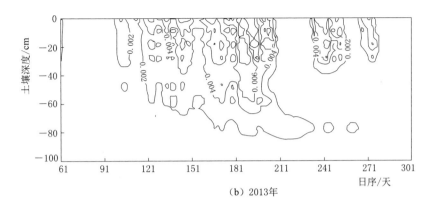

（b）2013年

图 4.9（二）　茵陈蒿群落根系吸水速率模拟值等值线图

芦苇群落的根系吸水等值线图见图 4.10，吸水量随土层深度增加而减小，吸水深度主要集中在 60cm 内，并且在 20cm 内是强吸水区，5—8 月表层 10cm 内的平均吸水速率约为 0.02（cm³/cm³）/d，40～60cm 深处的平均速率

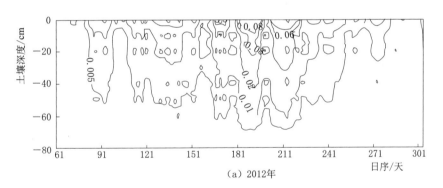

（a）2012年

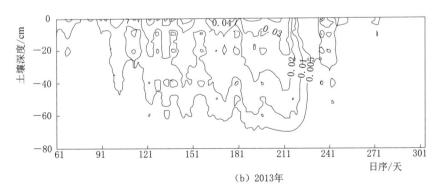

（b）2013年

图 4.10　芦苇群落根系吸水速率模拟值等值线图

为 0.008(cm³/cm³)/d。吸水量随时间先增加后减小，3—4 月吸水速率为 0～0.005(cm³/cm³)/d，5—6 月增加到 0.01～0.03(cm³/cm³)/d，最大吸水速率出现在 7—8 月，表层最大可以达到 0.08(cm³/cm³)/d，平均为 0.025～0.03(cm³/cm³)/d，9 月之后吸水量明显减少，不足 0.005(cm³/cm³)/d。

灰化薹草群落的根系吸水等值线图见图 4.11，吸水深度主要在 40cm 内，并且在 15cm 内是强吸水区。根系吸水主要在春季生长期和秋季退水之后，秋季吸水速率小于春季。春季表层 10cm 内的吸水速率为 0.01～0.014/(cm³/cm³)/d，最大可达 0.02(cm³/cm³)/d，20～60cm 深处的吸水速率为 0.001～0.005(cm³/cm³)/d。秋季表层 10cm 吸水速率为 0.005～0.01(cm³/cm³)/d，最大可达 0.014～0.02(cm³/cm³)/d，30cm 以下土层的根系吸水速率为 0.001～0.003(cm³/cm³)/d。

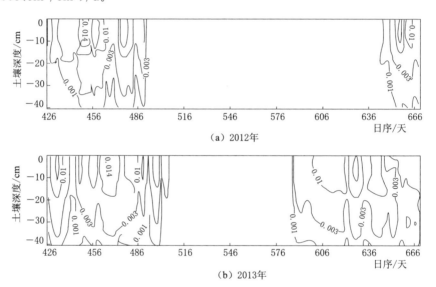

图 4.11　灰化薹草群落根系吸水速率模拟值等值线图

4.4.4　地下水-根区土壤底边界水分通量

植被群落地下水-根区土壤底边界水分通量代表根区土壤和深层土壤之间的水分交换，负值代表根区水分向深层渗漏，补给深层土壤水分或地下水；正值代表水分由地下水对根系层土壤的向上补给。整体来看，鄱阳湖湿地植被群落的水分向上运移主要发生在蒸散发作用强烈和地下水位埋深较浅的时段，如高水位且是植被生长旺季的 7—10 月，而土壤水分的深层渗漏则主要发生在强降雨期间，如鄱阳湖雨季的 3—6 月，其他时段根区土壤水分交换通量很小（图 4.12）。

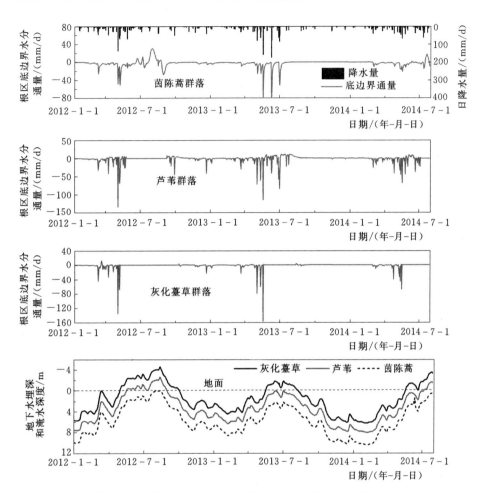

图 4.12　不同植被群落根区土壤-地下水边界水分通量变化

　　茵陈蒿、芦苇和灰化薹草群落的年水分渗漏量分别为 1110～1280mm、924～1053mm 和 524～679mm（图 4.12）。茵陈蒿群落根区土壤水分在累积降水量大于 50mm/d 时会产生明显的向下渗漏，小于 50mm 的降水主要用于补充根区土壤水分亏缺，雨季 4—6 月的累积渗漏总量为 557～877mm，占同期降水入渗总量（752～1110mm）的 74%～79%。芦苇群落土壤含水量常年较高，降水大于 20mm/d 就会引起根区明显的水分渗漏，4—6 月的累积渗漏总量为 457～762mm，占同期降水入渗量（510～973mm）的 81%～90%。灰化薹草群落 3—5 月土壤水分也以深层渗漏为主，此阶段总渗漏量为 488～530mm，占降水入渗量（656～659mm）的 74%～80%。总之，鄱阳湖洲滩湿地植被群落土壤水分以向下渗漏主要集中在春季降雨期，渗漏量占同期降水的 70% 以上。

　　茵陈蒿、芦苇和灰化薹草群落的地下水年补给量分别为 15～513mm、277～

616mm 和 59 mm。茵陈蒿群落地下水埋深最深且土壤粒径最大，根区底边界土壤仅在汛期地下水升高时（2012 年 7—8 月）存在明显向上补给通量，2012 年生长旺季茵陈蒿群落地下水埋深的变化范围为 0～7.2m，平均埋深为 2.6m，此阶段地下水对根层土壤的最大补给通量可达 30mm/d，累积向上补给通量为 439mm；2013 年生长旺季，茵陈蒿群落地下水埋深的变化范围为 2.2～9.6m，平均埋深 5.3m，根区土壤水分通量基本为 0。芦苇群落地下水埋深较浅且土壤质地较细，在蒸散旺季 7—10 月和雨季降水过后都有明显的地下水向上补给通量，2012 年生长旺季芦苇群落在 7—8 月处于淹水状态，此时整个土体处于饱和状态，水分交换通量很弱，9 月初地面出露，地下水平均埋深 2.4m，此阶段地下水对根区土壤有明显的向上补给，平均向上水分通量为 3mm/d，最大为 8mm/d，累积补给量为 161mm；2013 年生长旺季芦苇群落始终未淹水，地下水埋深的变化范围为 0～7.1m，平均埋深 3.0m，根区土壤向上水分通量最大为 11mm/d，平均为 3mm/d，补给总量为 401mm。灰化薹草群落根区土壤-地下水边界的水分交换强度整体较小，主要发生在春季生长期的 4—6 月。

4.4.5 不同植被群落水量平衡分析

通过 GSPAC 各界面水分通量变化的分析，可以发现两个明显不同的阶段：植被生长初期的 4—6 月和生长旺季的 7—10 月（图 4.8）。生长初期阶段正值鄱阳湖的雨季，4—6 月的降水入渗量（752～1110mm）远大于同时期的植被蒸散量（157～338mm），也即此阶段降水能保证湿地植被生长所需的全部用水（图 4.8、表 4.4）。但是在生长旺季的 7—10 月，降水量迅速减小（不足 260mm），显著低于同期的蒸散发量（344～679mm），也即此阶段降水不能保证植被生长用水，植被必须依赖于其他水分来源，如地下水和湖水。

事实上，鄱阳湖雨热不同期，7～10 月是湖区的主要气候旱期（刘信中，2001；闵骞，2010）。因此本节对 3 个植被群落不同生长阶段的水均衡要素进行分阶段定量研究，探求湿地 GSPAC 系统的水循环变化规律。表 4.5 显示，不同植被群落各生长阶段的水量平衡绝对误差在 -5～6mm 范围内，模拟效果较好。

4.4.5.1 春季生长期水量平衡

茵陈蒿和芦苇群落的生长初期以及灰化薹草的春草阶段，降水入渗量分别为 752～1110mm、510～937mm、656～659mm，植被蒸腾量（植物用水）分别为 90～96mm、298～307mm、156～182mm，降水入渗量远大于植被蒸腾量，且植被的水分胁迫指数 T_a/T_p 为 0.99～1.00，这表明，在此阶段所有洲滩湿地植被生长均不受水分限制的影响，可以按潜在蒸腾速率进行，单靠降水即可提供充足的水分满足植被的生长需求。该阶段各植被群落根区土壤水量平衡为盈余状态，土壤水分为积累过程，茵陈蒿、芦苇和灰化薹草群落根区土壤

表 4.5　不同植被群落各生长阶段根区水均衡各项模拟值比较分析

群落类型	水文年	生长阶段	T_p/mm	T_a/mm	E_a/mm	R_{in}/mm	L_{in}/mm	G/mm	D/mm	ΔW/mm	AE/mm	T_a/T_p	G/T_a
茵陈蒿	2012年	初期	96	96	61	752	0	74	557	107	−5	1.00	—
		旺季	349	334	96	209	0	439	375	−161	−4	0.96	1.31
	2013年	初期	90	90	73	1110	0	0	877	66	−4	0.98	—
		旺季	367	203	54	143	0	13	51	−154	−2	0.55	0.06
芦苇	2012年	初期	298	298	30	510	193	97	457	16	1	1.00	—
		旺季	735	677	82	136	491	164	87	−50	5	0.92	0.95
	2013年	初期	307	307	31	937	0	182	762	15	−4	0.99	—
		旺季	943	510	89	137	0.0	401	39	−95	5	0.54	0.79
灰化薹草	2012年	春草	156	156	36	659	61	38	530	38	2	1.00	—
		秋草	77	77	28	142	0	7	75	−28	3	1.00	—
	2013年	春草	183	182	42	656	64	9	488	21	4	0.99	—
		秋草	267	169	36	101	0	29	2	−71	6	0.63	—

注　1. "根区"分别指茵陈蒿、芦苇、灰化薹草100cm、80cm、40cm深土层。

2. T_p为潜在蒸散量；T_a为实际蒸散量；E_a为实际土壤蒸发量；R_{in}为降水入渗量；G为地下水对根区土壤向上补给量；L_{in}为湖水入渗量；D为根区水分渗漏量；ΔW为根区土壤储水量变化量；AE为水量平衡绝对误差。

水储量增量分别为 66～107mm、15～16mm 和 21～38mm。

4.4.5.2 秋季生长期水量平衡

植被生长旺季和秋草阶段，降水入渗量普遍都小于植被蒸腾量（灰化薹草群落 2012 年例外，后续详细分析）。这表明，此阶段植被必须依赖于其他水分来源，如湖水、地下水和前期土壤水储量，且该阶段各植被群落根系层土壤水量平衡为亏损状态，土壤水分为消耗过程，茵陈蒿、芦苇和灰化薹草群落根区水储量消耗量分别为 154～161mm、50～95mm 和 28～71mm。此外，根据第 4.4.3 节的分析可知，2012 年与 2013 年由于汛期水位的不同，洲滩湿地植被群落 7—10 月的水分交换通量存在很大的差异，因此，下文将重点对比分析 2012 年和 2013 年的湿地植被群落蒸腾用水和补给水分来源的变化。

1. 植被蒸腾

2012 年 7—10 月，茵陈蒿和芦苇群落的实际蒸腾变化过程始终与潜在蒸腾基本保持一致 [图 4.13（a）、（c）]。从总量来看，茵陈蒿累积实际蒸腾量为 334mm，占潜在蒸腾总量（349mm）的 96%；芦苇群落实际蒸腾为 677mm，占潜在蒸腾（735mm）的 92%。如此表明，2012 年茵陈蒿和芦苇群落生长旺季的蒸腾需水基本能够全部满足，不受水分亏缺的限制。然而，在 2013 年，茵陈蒿和芦苇群落的实际蒸腾量显著降低，分别为 203mm 和

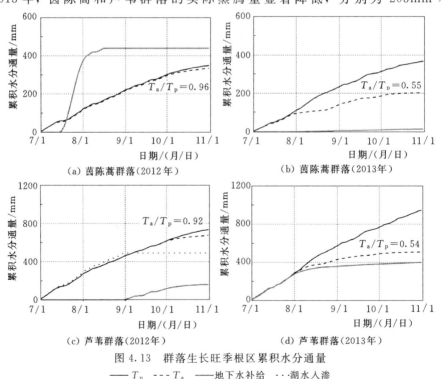

图 4.13 群落生长旺季根区累积水分通量
—— T_p --- T_a —— 地下水补给 ···湖水入渗

510mm，较 2012 年同期各自下降了 40％和 25％，实际蒸腾的累积过程线也始终低于潜在蒸腾累积线［图 4.13（b）、（d）］，仅占潜在蒸腾总量的 55％左右，这表明，茵陈蒿和芦苇群落蒸腾用水在低水位 2013 年生长旺季受到了严重的干旱限制，植被缺水量近 45％。

　　水分胁迫指数的变化也表明不同水文年生长旺季植被受到的水分胁迫存在明显差异（图 4.14）。2012 年，茵陈蒿和芦苇群落的胁迫指数在 7—9 月能够始终维持在 1 左右，仅在 10 月胁迫指数有所降低，平均胁迫指数分别降低至0.79 和 0.56［图 4.14（a）、（c）］。而在 2013 年，胁迫指数从 7 月底即开始急剧降低，最低甚至下降至 0.2，8—10 月平均胁迫指数分别降低至 0.44 和0.34，说明植被蒸腾缺水严重［图 4.14（b）、（d）］。上述结果表明，在高水位年，茵陈蒿和芦苇群落在 7—9 月生长用水充足，仅在 10 月受到一定的水分限制，但是在低水位年，植被蒸腾在 8—10 月都受到水分胁迫的影响，且水分胁迫程度也更为严重。此外，芦苇群落的胁迫指数较茵陈蒿群落的更低，这也说明芦苇群落比茵陈蒿群落受到的水分胁迫更严重。

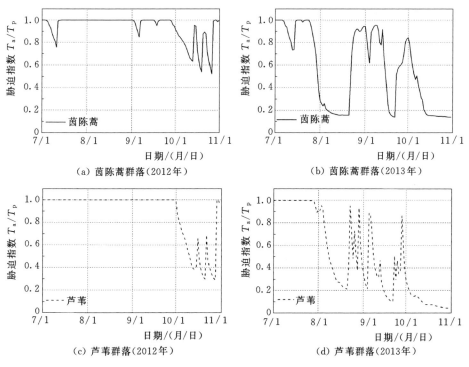

图 4.14　群落生长旺季水分胁迫指数（T_a/T_p）变化

　　灰化薹草群落秋草生长期为退水之后至 11 月底，2012 年退水时间较晚（9 月底），秋季生长期为 10—11 月，实际蒸腾总量为 77mm，并且实际蒸腾累积过程线与潜在蒸腾累积过程线始终保持一致 [图 4.15 (a)]，也即灰化薹草用水充足，能够按潜在蒸腾速率耗水。然而，2013 年灰化薹草群落退水为 8 月中旬，9—11 月的累积蒸腾总量为 169mm，占潜在蒸腾量 (267mm) 的 64%，从 10 月初开始实际蒸腾累积过程线明显低于潜在蒸腾累积线 [图 4.15 (b)]，这就表明，在低水位年灰化薹草秋季用水从 10 月开始受到水分亏缺的限制，缺水量近 36%。

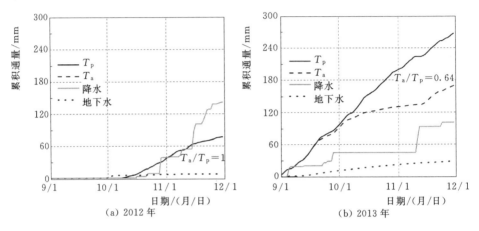

图 4.15　灰化薹草群落秋季生长期根区累积水分通量

2. 补给水源组成及贡献

不同水位年 2012 年和 2013 年，湿地植被群落生长旺季的蒸腾用水存在显著差异，主要是由补给水分来源的不同而导致的。生长旺季，降水不能满足蒸腾用水，此时茵陈蒿和芦苇群落存在明显的地下水和湖水补给 (图 4.16)。高水位 2012 年，茵陈蒿群落的地下水对根区土壤存在明显的向上补给，累积通量可达 439mm，最大可提供全部 (131%) 的植被蒸腾用水，然而低水位 2013 年地下水对根区土壤的向上补给通量仅有 13mm，仅能提供 6% 的植被用水 (表 4.5)。从各补给水分来源的贡献比例来看，2012 年茵陈蒿群落以地下水为主要补给水源，占到总补给量的 55%，降水和土壤水储量分别占 26% 和 19%，而 2013 年地下水的补给比例下降到 4%，此时以降水和土壤水储量为主要补给源，分别占总补给量的 47% 和 49% [图 4.16 (a)]，但是很显然，单靠降水和水储量仅能满足 55% 的植被用水量，也就是说地下水对充分保证茵陈蒿群落旺季蒸腾用水有着至关重要的作用。汛期地下水位的下降会显著减少对根区土壤的补给水量，进而限制茵陈蒿群落的蒸散，加剧水分胁迫程度，地下水的贡献量直接决定了茵陈蒿群落生长旺季是否受到缺水胁迫的影响。

分析不同水文年导致生长旺季芦苇群落蒸散状况差异的原因，我们发现

2012 年 7—8 月芦苇群落地面淹水，整个土体饱和，此时以湖水入渗为主，入渗总量为 491mm，最大可提供植被蒸腾用水总量的 73％，9—10 月地面出露，地下水对根区土壤的总补给量为 164mm，最大可提供植被蒸腾用水总量的 24％，湖水和地下水共可提供芦苇群落 97％的水分消耗。而低水位 2013 年生长旺季芦苇群落地面未受水淹，地下水对根区土壤的总补给量为 401mm，最大能提供植被蒸腾用水总量的 79％（表 4.5）。这就表明芦苇群落的植被蒸腾用水绝大部分都来自湖水和地下水，它们对根区土壤的补给通量直接决定了植被生长的可用水量，而且单靠地下水无法满足芦苇群落旺季的全部蒸腾需水。从生长旺季各补给水分来源的贡献比例来看，2012 年芦苇群落以湖水为主要补给水源，占总补给水量的 58％，其次为地下水，占 20％；而 2013 年以地下水补给为主，占总补给量的 61％，其次为降水，占 23％ ［图 4.16（b）］。由此清楚地表明，芦苇群落生长旺季蒸腾用水的主要来源是湖水和地下水，地面淹水时以湖水补给为主，出露时以地下水为主，湖水和地下水的补给量直接决定芦苇群落蒸腾量和所遭受的干旱胁迫程度。

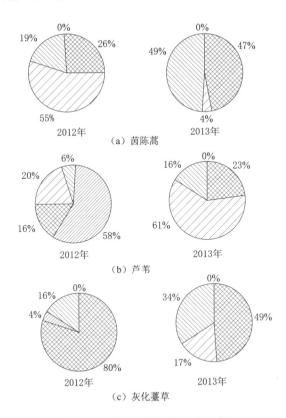

图 4.16　群落水分来源贡献比例

〔/////〕 湖水　〔▨〕 降水　〔▱〕 地下水　〔\\\\\〕 土壤水储量

对比 2012 年和 2013 年灰化薹草群落秋季生长期内的补给水分来源，我们发现 2012 年秋季生长期降水累积入渗量（142mm）远大于灰化薹草蒸腾量，也即因生长期缩短，灰化薹草生长所需水分单依靠降水即可满足［图 4.15（a）］。而 2013 年降水累积入渗量明显小于蒸腾量，最大只能提供植被用水的 60%，地下水补给量最大可提供 16% 的植被用水，也即此阶段灰化薹草除降水外还必须依赖于其他水分来源［图 4.15（b）、表 4.5］。从各补给水源的贡献比例看，2012 年以降水补给为主导，占总补给水量的 80%，土壤水储量为辅，占 16%；2013 年也以降水和土壤水储量消耗为主要水分来源，分别占总补给量的 49% 和 34%，地下水补给为辅，占 17%［图 4.16（c）］。上述结果表明，对于秋季灰化薹草，降水补给对蒸腾用水有重要的作用，当洲滩出露时期延长，灰化薹草蒸腾用水增加，会极大地消耗土壤水储量。

4.5 不确定性分析

地下水-土壤-植被-大气系统界面水分传输是湿地生态水文过程研究的关键，湿地生态水文环境复杂，数据监测和获取困难，数值模型模拟已经成为研究湿地水分运移的重要手段之一。然而，生态水文模型的模拟结果仍然存在很大的不确定性，模型的不确定性主要来源于三个方面，即数据的不确定性、模型结构的不确定性以及模型参数的不确定性。

（1）数据的不确定性，包括输入数据的不确定性和验证数据的不确定性。HYDRUS 模型的输入数据包括气象数据、土壤属性数据、植物数据等，这些野外监测数据本身存在测量误差，都会导致土壤水分模拟结果与实际情况有一定的误差。同时，土壤含水量的影响因素众多，包括降水、土壤属性、植被特征、地形、地表覆盖物等，表现出极大的时空异质性，土壤含水量验证数据也存在一定误差。

（2）模型结构误差。模型水分运动过程是对真实情况的简化，建模过程中完全描述土壤水分运动的各个方面是不可能的，如 HYDRUS 模拟中根系吸水模块中没有考虑根系的生长、土壤水分下渗过程中没有考虑枯枝落叶层的滞留作用，土壤属性剖面的分层会导致土壤特性被均一化，带来计算误差。

（3）模型参数的不确定性。模型模拟精度与参数的选取直接相关，参数估计的不确定性是模型模拟过程中不确定性的重要来源之一。模型参数本身具有很强的空间变化性，加之模型的复杂性、参数之间的相关性，以及异参同效性的存在，常规试错法和参数优化方法均不能保证找到模型参数的真值和唯一最优解，这就导致了参数估计的不确定性。

4.6　本章小结

（1）湿地 GSPAC 系统界面水分通量季节变化显著。茵陈蒿、芦苇和灰化薹草群落土壤−大气界面的年蒸发量为 61～201mm，年降水入渗量为 1570～1600mm，4—6 月的入渗量占总量的 60%；植被−大气界面的年蒸腾量分别为 346～470mm、926～1057mm 和 321～528mm，其中茵陈蒿和芦苇群落蒸腾量 7—8 月最大，占总量的 40%～46%；地下水−根区土壤界面的向上补给通量受水位变化的影响显著，茵陈蒿和芦苇群落地下水年补给量分别为 15～513mm 和 277～616mm，集中在地下水浅埋和蒸腾旺盛的阶段，年水分渗漏量分别为 1110～1280mm 和 924～1053mm，集中在 4—6 月，占 49%～79%，灰化薹草群落地下界面水分交换较弱，年地下水补给量约为 59mm，深层渗漏量为 524～679mm。

（2）受湿地水分补排过程季节变化的影响，湿地植被的蒸腾用水规律存在明显的季节差异。春季生长期（3—6 月），降水入渗量能满足洲滩湿地植被的全部蒸腾用水，根区土壤底边界水分以深层渗漏为主，根区土壤水量平衡为盈余状态。茵陈蒿和芦苇群落的生长旺季（7—10 月）和灰化薹草秋草阶段（9—11 月），降水入渗量不能满足植被生长所需的全部水分，植被必须依赖其他水分来源，根系层土壤水量平衡为亏损状态。

（3）湿地 7—10 月水位的降低会显著减小植被群落的蒸腾量。高水位 2012 年生长旺季，茵陈蒿和芦苇群落实际蒸腾量分别为 334mm 和 677mm，均占潜在蒸腾量的 90% 以上，低水位 2013 年生长旺季实际蒸腾量较 2012 年同期分别下降了 40% 和 25%，仅为潜在蒸腾量的 55% 左右。2012 年灰化薹草群落秋季用水按潜在蒸腾速率进行，而 2013 年实际蒸腾量仅为潜在蒸腾量的 64%。

（4）不同水文年水位变化导致生长旺季湿地植物的水源组成不同。高水位 2012 年，茵陈蒿群落以地下水补给为主，占总补给水量的 55%，而低水位 2013 年，以降水和土壤水储量为主。芦苇群落高水位 2012 年以湖水和地下水补给为主，分别占总补给量的 58% 和 20%，而低水位 2013 年，以地下水补给为主，占总补给量的 61%。2012 年和 2013 年灰化薹草群落都以降水和土壤水储量消耗为主要水分来源。

第5章 湿地水文条件变化对植被群落补给水源和蒸腾用水影响的模拟研究

在气候变化和人类活动日益加剧的背景下，鄱阳湖正遭受着极端水情事件增多引起的湖泊水文节律急剧变化的过程，尤其是 2000 年以来，干旱事件频发并日趋严重，导致湖泊最高水位下降、秋季退水速率加快以及秋季枯水时间延长等一系列问题。由此水情变化引发的湿地面积萎缩、植被演替速率加快、生产力水平降低等生态问题已经威胁到鄱阳湖湿地生态系统的稳定性。

本章围绕鄱阳湖现阶段的水情变化特征，依托构建的饱和-非饱和水分运移模型开展定量模拟，通过设置不同地下水埋深、不同典型年（丰、平、枯）湖水位以及 2000 年前后多年平均水位等情景方案，重点阐释地下水位和湖泊水情变化对典型洲滩湿地地下水-土壤-植被-大气系统水分运移规律的影响，探求不同水文情景对洲滩湿地主要水分补给来源和植被蒸腾的影响。这些研究有助于深入认识变化水情条件下湿地植被的演变，对预测未来水文条件下鄱阳湖湿地植被群落变化提供一定的参考依据。

5.1 地下水埋深对根区土壤水分补给和植被蒸腾用水的影响

5.1.1 情景设计原则

基于不同群落生长旺季水分运移规律分析（第 4.4.5 节）可知，汛期 7—10 月地下水对根系层土壤的向上水分补给通量直接影响到茵陈蒿和芦苇群落植被用水状况，地下水位下降会减少对根区土壤的补给水量，从而限制植被群落的蒸腾量。而且考虑到洲滩湿地地下水与湖泊水位的高强度水力联系，湖水位的变化势必会影响到湿地地下水位的变化。

因此，本书以 HYDRUS-1D 模型为工具，针对植被生长旺季的 7—10 月，设置以 0.5m 为间隔的 0.5～3.0m 的 6 组地下水埋深情景，通过 1955—2013 年的多年平均日气象数据驱动模型（都昌气象站），探求在多年平均气象条件下，不同地下水埋深对茵陈蒿和芦苇群落根区土壤的向上补给通量和蒸腾用水的影响。

5.1.2   模拟结果分析

5.1.2.1   植被蒸腾

情景模拟结果显示，湿地植被的蒸腾量随着生长旺季地下水埋深的增大而减小（表5.1、图5.1）。地下水平均埋深为0.5m和1m情景的植被蒸腾最大。此时茵陈蒿群落的蒸腾总量为376mm，日均蒸腾速率为3mm/d；芦苇群落的蒸腾总量为926mm，日均速率为7.5mm/d。当地下水埋深由1m增大至2m时，茵陈蒿和芦苇群落的蒸腾量分别降低至280mm和515mm，减小了26%和44%。地下水埋深为3m情景的植被蒸腾量最小，此时茵陈蒿群落的蒸腾总量为254mm，较地下水埋深1m时下降了32%；芦苇群落的蒸腾总量仅有364mm，下降幅度达61%。

表5.1   不同地下水埋深下生长旺季植被蒸腾和地下水补给量变化

地下水埋深 /m	茵陈蒿群落				芦苇群落			
	T_a /mm	G /mm	G/T_a	T_a/T_p	T_a /mm	G /mm	G/T_a	T_a/T_p
0.5	376	213	0.57	1.00	926	715	0.77	1.00
1.0	376	209	0.56	1.00	925	711	0.77	1.00
1.5	328	135	0.44	0.87	782	554	0.71	0.84
2.0	280	69	0.25	0.74	515	266	0.52	0.56
2.5	261	34	0.13	0.69	407	150	0.37	0.44
3.0	254	17	0.07	0.68	364	102	0.28	0.39

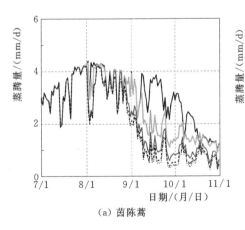

（a）茵陈蒿

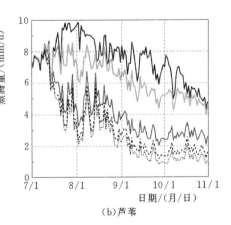

（b）芦苇

图5.1   不同地下水埋深下茵陈蒿和芦苇群落日蒸腾量变化
—— 1.0m　—— 1.5m　—— 2.0m　······ 2.5m　········· 3.0m

水分胁迫指数 T_a/T_p 随着地下水埋深的增大而减小，但下降速率逐渐变缓，这就表明，地下水埋深越深，植被所受到的水分胁迫越严重。根据胁迫指数与地下水埋深的散点图分布方式，胁迫指数（y）随地下水埋深（x）的下降过程可以用如下方程进行描述（Shah et al.，2007）：

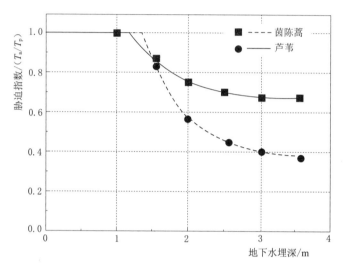

图 5.2　水分胁迫指数（T_a/T_p）随不同地下水埋深的变化及拟合曲线

$$y=\begin{cases}1,x\leqslant 1.24\\0.66+e^{-1.91(x-0.68)},x>1.24\end{cases}, R^2=0.999,茵陈蒿群落 \quad (5.1)$$

$$y=\begin{cases}1,x\leqslant 1.35\\0.36+e^{-1.80(x-1.10)},x>1.35\end{cases}, R^2=0.999,芦苇群落 \quad (5.2)$$

结果显示，上述方程对茵陈蒿和芦苇群落都有很好的拟合效果，调整后的决定系数 R^2 均可达到 0.99 以上。这种形式的指数衰减拟合方程与 Shah et al. (2007) 和 Luo and Sophocleous (2010) 中的一致。当茵陈蒿和芦苇群落的地下水埋深分别在 1.2m 和 1.4m 以内时，胁迫指数 T_a/T_p 为 1，也即植被生长供水充足，蒸腾以潜在速率进行，仅受大气条件控制。然而，当地下水埋深大于 1.2m 和 1.4m 时，胁迫指数随地下水埋深的增大以拟合方程的形式而减小，即植被蒸腾受到的水分胁迫逐渐加重，此时植被蒸腾量受大气条件和地下水埋深的共同影响。此外，在导数 $dy/dx=-2\%$ 时的地下水埋深值被看作是极限影响深度，当地下水埋深大于此值时，植被蒸腾基本不再受地下水埋深变化的影响（Luo and Sophocleous，2010）。根据拟合方程计算可知，茵陈蒿和芦苇群落地下水的极限影响深度分别是 3.1m 和 3.6m。

5.1.2.2　地下水补给贡献

随着地下水埋深的增大，地下水对茵陈蒿和芦苇群落根区土壤向上补给水通量逐渐减小，尤其是当地下水埋深超过 1.5m 时，补给水量显著降低。生长旺季地下水埋深为 1m 时，地下水对茵陈蒿和芦苇群落根区土壤的累积向上补给水量分别可达 209mm 和 711mm，当地下水埋深继续增大到 3m 时，地下水补给量分别降低 92% 和 84%。此外，芦苇群落的补给水量要显著高于茵陈蒿群落，这是因为芦苇群落土质较茵陈蒿群落要细，且芦苇群落的植被 LAI 要显著高于茵陈蒿群落，植被蒸腾对地下水的提升作用更为显著。

地下水对根区土壤的补给量对植被蒸腾用水量的贡献率（G/T_a）随着地下水埋深的增大而减小（表 5.1），这与以往研究结果一致（Luo et al.，2010；Xie et al.，2011）。在鄱阳湖多年平均气候条件下，当生长旺季地下水埋深为 1m 时，植被用水充足，此时地下水对茵陈蒿和芦苇群落蒸腾用水的贡献率分别可达 56% 和 77%；当地下水埋深下降至 2m 时，地下水对茵陈蒿群落蒸腾用水的贡献率下降至 25%，对芦苇群落的贡献率下降至 52%；当地下水埋深增加至 3m 时，地下水的贡献率最大仅 7% 和 28%。

地下水补给量对植被蒸腾用水的贡献率（G/T_a）随地下水埋深梯度（WTD）的变化可采用线性方程进行描述，公式如下：

$$G/T_a = 0.79 - 0.25 WTD，R^2 = 0.98，P < 0.001，茵陈蒿群落 \quad (5.3)$$
$$G/T_a = 1.05 - 0.26 WTD，R^2 = 0.98，P < 0.001，芦苇群落 \quad (5.4)$$

Grismer and Gates（1988）和 Sepaskhah et al.（2003，2005）关于地下水对农作物生长用水贡献率的研究结果也发现相似的线性方程。整体来说茵陈蒿和芦苇群落都有很好的拟合效果，决定系数 R^2 可达到 0.99，表明模型能够反映地下水补给贡献率与地下水埋深的关系。根据拟合方程的斜率，我们可以知道，地下水位每下降 1m，地下水补给对洲滩湿地植被蒸腾用水的贡献率将降低 25%。此外，芦苇群落拟合方程的截距要高于茵陈蒿群落，由此表明芦苇群落对地下水的利用率要高于茵陈蒿群落。

5.2 典型年份湖水位变化对植被群落蒸腾和水分补给的影响

5.2.1 情景设计原则

近年来鄱阳湖极端水情（洪涝和干旱）的事件增多，尤以 7—10 月湖泊水位变化最大，典型表现为高水位降低和秋季水位（9—10 月）偏低，这直接影响到洲滩湿地植被生长旺季的水分供给。因此，我们以 1955—2013 年的星子站湖水位数据为基础，重点关注 7—10 月的湖泊水位分别选取一个丰、平、枯水年的水位过程线（图 5.3）。对于湖泊而言，一般以多年平均水位为基准，基于此，我们选取一个多年平均水位过程年 1981 年，丰水位年 1993 年和枯水位年 2006 年。其中，丰水年 1993 年 7—11 月的星子站平均水位为 17.3m（吴淞高程），比历史多年平均水位（15.3m）高 2m，枯水年 2006 年 7—11 月的星子站平均水位为 11.6m，比多年平均水位低 3.7m，平水年 1981 年 7—11 月的星子站平均水位为 15.7m，与多年平均水位相差不大（高 0.4m）。以选取的 1981 年、1993 年和 2006 年的湖水位过程线推算同期洲滩湿地地下水埋深变化过程（图 3.7），以此作为 HYDRUS－1D 模型下边界的输入，探求生长季丰、平、枯水位过程对湿地植被群落水分供给的影响。

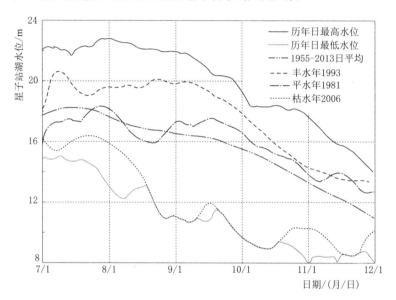

图 5.3　典型水文年鄱阳湖星子站湖水位过程线

5.2.2　模拟结果分析

5.2.2.1　植被蒸腾

丰水年，洲滩湿地植被群落生长旺季实际蒸腾均与潜在蒸腾一致，说明植被用水能够充分满足，不受水分胁迫的影响（$T_a/T_p=1.0$）（图 5.4）。

平水年，茵陈蒿群落生长旺季实际蒸腾仅占潜在蒸腾的 76%（$T_a/T_p=0.76$），从 9 月初受到缺水限制，蒸腾总量（284mm）较丰水年同期（376mm）减小了 24%［图 5.4（a）］，而芦苇和灰化薹草群落仍然保持潜在蒸腾速率。

枯水年，洲滩湿地所有植被群落都受到缺水影响。茵陈蒿群落植被蒸腾从 8 月初就受到缺水限制，实际蒸腾量仅占潜在蒸腾量的 66%（$T_a/T_p=0.66$），蒸腾总量（252mm）较丰水年同期下降了 34%［图 5.4（a）］；芦苇群落实际蒸腾量占潜在蒸腾量的 58% （$T_a/T_p=0.58$），所有水分来源只能保证 58% 的植被用水，植被从 8 月中旬开始受到明显的水分胁迫，蒸腾总量（540mm）较丰、平水年同期（927mm）下降了 42% ［图 5.4 （b）］；灰化薹草群落秋季生长期实际蒸腾量占潜在蒸腾量的 65% （$T_a/T_p=0.65$），所有水分来源只能保证 65% 的植被用水，植被从 10 月初开始受到缺水限制，日平均蒸腾量由 3mm/d 下降至 1.5mm/d。

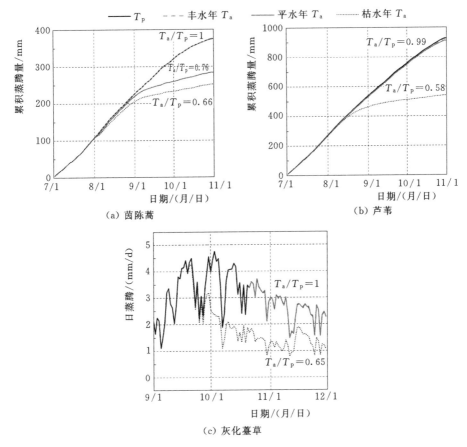

图 5.4 群落丰、平、枯水年生长旺季植被蒸腾变化

5.2.2.2 补给水分组成

典型年不同植被群落水分来源的贡献比例见图 5.5。

茵陈蒿群落丰水年水分来源组成最多，以地下水为主要补给来源，占总补给量的 36%，其他水分来源如湖水、降水和土壤水储量所占比例为 19%～24%，平水年和枯水年都以降水和前期土壤水储量的损耗为最主要水分来源，两者共占到总补给量的 77% 和 98%，与此同时地下水补给量的贡献则不断下降，分别下降到仅占总补给量的 23% 和 2% [图 5.5（a）]。这就表明，随着鄱阳湖湖水位越枯，地下水和湖水对茵陈蒿群落根区土壤水分的补给量逐渐减小，茵陈蒿对降水和前期土壤水储量消耗的依赖逐渐增大。这也解释了茵陈蒿群落土壤含水量常年较低的原因，而且地下水和湖水补给量的减少直接加剧了茵陈蒿群落植被缺水的程度。

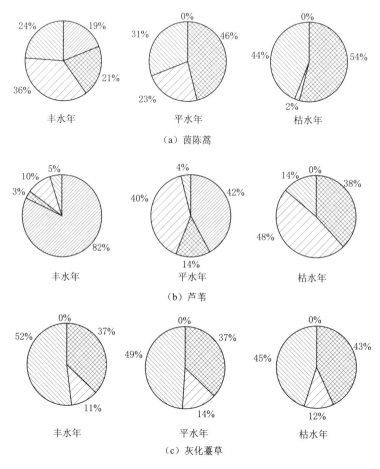

图 5.5　群落丰、平、枯水年水分补给来源贡献比例

湖水　　降水　　地下水　　土壤水储量

芦苇群落丰水年水分来源以湖水为主要补给来源，占总补给量的 82%，其他水分来源如地下水、降水和土壤水储量各占不足 10%，平水年以湖水和地下水补给为主，分别占 40% 和 42%，而枯水年以地下水和降水为主要水分来源，分别占到总补给量的 48% 和 38% [图 5.5（b）]。这就表明，生长旺季芦苇群落主要依赖湖水和地下水补给，随着鄱阳湖湖水位越枯，湖水和地下水

的补给贡献量逐渐减小，而且当枯水年仅依靠地下水和降水的补给时很难满足芦苇所需的全部水分，植被蒸腾量会明显减小。此外，鉴于湖水和地下水对芦苇蒸腾用水的贡献比例较大，根系层土壤水储量的损耗在丰水年和平水年都不足 5%，仅在枯水年上升到 14%，这间接解释了芦苇群落根系层常年保持高土壤含水量（近 40%）的原因。

灰化薹草群落不同水文年秋季生长期都以土壤水储量和降水为主要补给来源，地下水补给为辅［图 5.5（c）］。丰水年和平水年各补给组分相差较小，土壤水储量消耗量为 55mm，最大可提供灰化薹草用水量（99～110mm）的 51%～55%，枯水年因灰化薹草生长期延长，各水分来源补给量增加，前期土壤水储量消耗和降水分别增加至 85mm 和 80mm，两者最大可提供植被用水（179mm）的 92%，地下水贡献率仅 12%。

5.3　2000 年前后水文变化对植被群落蒸腾和水分补给影响的比较

5.3.1　情景设计原则

进入 2000 年以来，鄱阳湖发生连续的干旱事件，如 2003 年、2004 年、2006 年、2007 年、2011 年、2013 年都发生了严重枯水（闵骞等，2012）。分析不同年代际湖水位的变化过程发现，21 世纪的平均湖水位明显低于其他年代际，表现出两个典型的特征，一是 7—8 月份最高水位降低，20 世纪 60—90 年代汛期最高水位可达 18～20m，而进入 2000 年以来，最高水位仅有 17m，下降了 1～3m；二是秋季退水速率加快，9—11 月水位偏低，2000 年以后 9—11 月平均水位由 2000 年以前的 14.3m 下降到了 12.9m，降低约 1.4m（图 5.6）。这说明，2000 年以来，特别是植被生长旺季的 7—11 月份湖泊水情发生了明显的改变。

基于此，我们以 2000 年为起点，分别计算 2000 年以后的近 14 年（2000—2013 年）和 2000 年以前的 45 年（1955—1999 年）的多年日平均湖水位过程，以平均湖水位过程线分别推算同期洲滩湿地地下水埋深变化过程，以此作为 HYDRUS-1D 模型的输入，气象数据仍然采用多年日平均气象要素输入，从而探求 2000 年前后水位过程变化对洲滩湿地不同植被群落补给水分来源和蒸腾用水产生的影响。

5.3.2　模拟结果分析

5.3.2.1　植被蒸腾与土水储量

茵陈蒿群落生长旺季累积蒸腾过程见图 5.7（a）。2000 年以前茵陈蒿群落

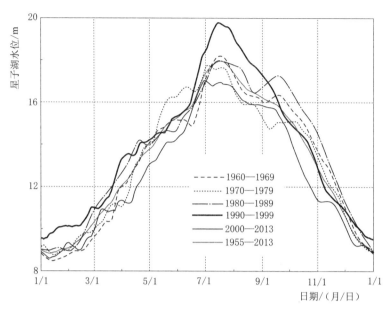

图 5.6　星子站不同年代际日平均湖水位变化过程

生长旺季的蒸腾量为 295mm，2000 年以后下降至 242mm。从总胁迫指数 T_a/T_p 来看，2000 年前、后茵陈蒿群落生长旺季蒸腾都会受到水分胁迫的限制，2000 年以前可保证茵陈蒿群落 79% 的蒸腾需水（$T_a/T_p=0.79$），而 2000 年以后仅能满足 65%（$T_a/T_p=0.65$），2000 年以后茵陈蒿群落缺水程度加剧。从实际蒸腾与潜在蒸腾开始分离的时间发现，茵陈蒿群落开始受到水分胁迫的起始时间从 2000 年以前的 9 月初提前至 2000 年以后的 8 月初，提前了将近 1 个月。此外，从水分胁迫指数的变化过程来看［图 5.7（b）］，2000 年以后的胁迫指数显著低于 2000 年以前，2000 年以前 8—10 月的平均胁迫指数为 0.66，而 2000 年以后下降至 0.49，甚至一度低于 0.2，这也就是说进入 2000 年以后茵陈蒿群落 8—10 月受到的水分胁迫程度加重，直接导致茵陈蒿群落 8—10 月的总蒸腾量由 2000 年以前的 191mm 降低至 2000 年以后的 141mm，下降了 26%。

　　芦苇群落生长旺季日蒸腾过程图显示［图 5.8（a）］，2000 年以前实际蒸腾量与潜在蒸腾量相差不大，仅在 10 月份实际蒸腾量略低于潜在蒸腾量，从总量上看，2000 年以前可保证芦苇群落 97% 的植被需水量（$T_a/T_p=0.97$），也就是说芦苇生长基本不受水分限制。而 2000 年以后实际蒸腾量在 9—10 月显著低于潜在蒸腾量，从总量上看仅能满足 85% 的蒸腾需水量（$T_a/T_p=0.85$），芦苇受到一定的缺水限制。从实际蒸腾量与潜在蒸腾量开始分离的时间发现，芦苇群落用水受限的起始时间从 2000 年以前的 10 月初提前至 2000

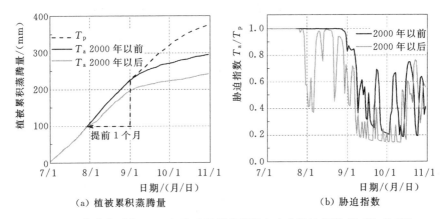

图 5.7　茵陈蒿群落 2000 年前后累积蒸腾量和水分胁迫指数 T_a/T_p 的对比

年以后的 9 月中旬，提前了将近 20 天。此外，从水分胁迫指数的变化过程来看 [图 5.8 (b)]，2000 年前、后 7—8 月芦苇生长都能保证充足用水，但是 2000 年以后 9—10 月份的胁迫指数显著低于 2000 年以前，2000 年以前 9—10 月的平均胁迫指数为 0.92，而 2000 年以后下降至 0.64，这也就是说进入 2000 年以后芦苇群落 9—10 月受到较为严重的水分胁迫，直接导致茵陈蒿群落 9—10 月的蒸腾量由 2000 年以前的 377mm 降低至 2000 年以后的 272mm，下降了 28%。

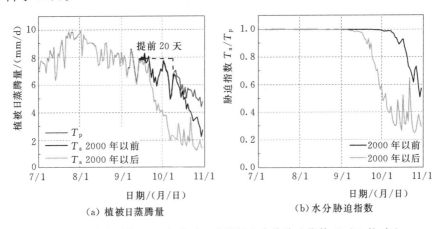

图 5.8　芦苇群落 2000 年前后日蒸腾量和水分胁迫指数 T_a/T_p 的对比

　　灰化薹草群落秋季日蒸腾过程图显示 [图 5.9 (a)]，2000 年以前和以后实际蒸腾量与潜在蒸腾量都基本保持相等，也就是说灰化薹草秋季生长期水分来源充足，基本不受水分限制（$T_a/T_p=0.98\sim1$）。但是，从根系层土壤水储量变化上看 [图 5.9 (b)]，2000 年以后的土壤水储量显著低于 2000 年以前，土壤水储量的损耗较 2000 年以前增加了 32%，这就说明虽然 2000 年前后灰化薹草群落从蒸腾用水供给的角度来看没有发生明显变化，但是从湿地根区土壤蓄水量来看，灰化薹草群落根区土壤明显变干，这与退水时间提前导致地下水位降低有关，加之灰化薹草秋季生长期加长、耗水量增大，疏干的根区土壤将明显影响来年春草萌发的水分条件。

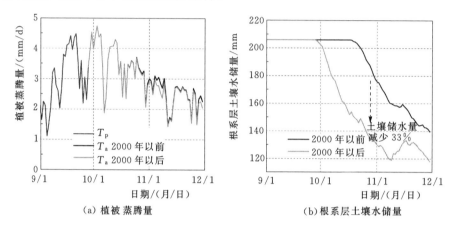

图 5.9　灰化薹草群落 2000 年前后日蒸腾量和根系层土壤储水量的对比

5.3.2.2　补给水分组成

2000 年以前（1955—1999 年）和 2000 年以后（2000—2013 年），不同植被群落补给水分来源的贡献比例变化见图 5.10。

茵陈蒿群落，2000 年以前和 2000 年以后多年平均条件下都是以降水和土壤水储量损耗为主要补给来源，两者共占总补给水量的 90% 以上，然而，2000 年以后降水和土壤水储量损耗所占的比例增大，由 92% 上升到了 99%，与此同时地下水补给量的贡献由 2000 年以前的 8% 下降至不足 1%。这就表明，虽然地下水补给量所占比例很小，但是直接影响茵陈蒿群落的蒸腾用水量，2000 年以后地下水补给量的下降使茵陈蒿群落遭受水分胁迫的时间加长、缺水程度加重。

芦苇群落，2000 年以前以地下水和湖水为主要补给来源，两者各占总补给水量的 40% 左右，2000 年以后以地下水补给为主，所占比例上升到 55%，而湖水补给量的比例下降至 19%，减少了 21%。结合蒸腾量的变化，我们发现 2000 年以后湖水补给量的下降使得芦苇群落 9—10 月植被用水受限，对地下水补给的依赖增强。

灰化薹草群落，2000 年前后秋季生长期都以土壤水储量为主要补给来源，占总补给水量的 50% 左右，降水为第二补给源，占到总补给量的 33%～36%，而地下水补给量占 16%～18%。这也就是说土壤储水量和降水基本可以满足

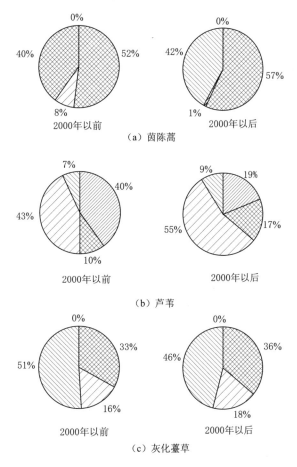

图 5.10   群落 2000 年前后补给水分贡献比例对比

湖水   降水   地下水   土壤水储量

植被生长的大部分用水，秋季灰化薹草的生长对土壤水储量的依赖最大。

5.4   本章小结

本章利用 HYDRUS-1D 模型，结合鄱阳湖目前所面临的水位偏低、退水速率加快的水情变化，通过情景模拟研究不同水情条件下洲滩湿地各植被群落补给水分来源的变化及其对植被蒸腾用水量的影响，主要内容总结如下：

（1）植被蒸腾量随着地下水埋深的增加而减小，当茵陈蒿和芦苇群落地下水埋深分别在 1.2m 和 1.4m 以内时，植被蒸腾为潜在蒸腾速率，此时地下水对植被蒸腾用水的贡献率分别可达 56％和 77％。对于茵陈蒿和芦苇群落，地下水对蒸腾用水的贡献率与地下水埋深均呈负线性关系，洲滩湿地地下水位每下降 1m，地下水补给量对植被蒸腾用水的贡献率将降低 25%，地下水对茵陈蒿和芦苇群落根区土壤水分的补给极限深度分别是 3.1m 和 3.6m。

（2）不同水文年湿地植被群落补给水分来源和蒸腾用水存在显著差异。典型丰水年，湿地植被群落生长旺季的蒸腾都为潜在速率；平水年，茵陈蒿群落蒸腾总量较丰水年同期减少 24%，芦苇和灰化薹草群落仍能保证充足用水；枯水年，茵陈蒿、芦苇和灰化薹草群落蒸腾总量较丰水年同期依次减小 34%、42% 和 35%。茵陈蒿群落丰水年以地下水补给为主，而平、枯水年以降水和土壤水储量为主要补给源；芦苇群落丰、平、枯水年分别以湖水、湖水和地下水、地下水和降水补给为主；灰化薹草群落各水文年都以土壤水储量和降水为主要补给。

（3）进入 2000 年以后（2000—2013 年），茵陈蒿群落生长旺季的实际蒸腾受水分胁迫的起始时间从 2000 年以前（1955—1999 年）的 9 月初提前了 1 个月，导致 8—10 月的总蒸腾量下降了 27%，地下水对蒸腾量的贡献率由 8% 下降至不足 1%。芦苇群落 2000 年以前生长旺季实际蒸腾量与潜在蒸腾量相差不大，而 2000 年以后 9—10 月份的实际蒸腾量下降了 28%，蒸腾量受限的起始时间由 10 月初提前了近 20 天，2000 年以前地下水和湖水各占总补给水量的 40% 左右，而 2000 年以后地下水补给比例上升到 55%，湖水比例下降至 19%。2000 年以前、以后灰化薹草群落秋季生长期蒸腾耗水都为潜在速率，但是 2000 年以后 9—11 月的土壤水储量损耗较 2000 年以前增加了 32%，根区土壤明显变干。

第 6 章 结 语 与 展 望

6.1 结语

鄱阳湖是长江中下游典型的通江湖泊，水文情势的变化对区域湿地生态系统健康的影响直接决定湿地生态系统的稳定。本章对鄱阳湖湿地关键水土环境因子、植被分布格局、湿地界面水分通量、湿地水分补排关系、植物生长用水等方面取得的进展进行了梳理与总结，并展望未来湿地生态水文研究中的主要方向与热点领域。

（1）鄱阳湖洲滩湿地地下水和土壤含水量存在明显的季节变化和空间差异。地下水位年内变幅约 10m，最大埋深可达 10m，出现在 1 月，最高水位出现在 8 月，可出露地表；地下水位的季节变化与湖水位波动高度一致，湖水是洲滩湿地地下水变化的主要驱动因子。空间上茵陈蒿群落的地下水埋深最大，灰化薹草群落的最小，芦苇群落居中。湿地土壤含水量变化范围为 2%～55%，主要受降水和地下水位的影响；茵陈蒿群落土壤含水量存在明显季节变化，夏季最高土壤含水量可达饱和（55%），其他季节在 15%左右，而芦苇群落土壤含水量常年基本维持在 40%，对降水响应不明显；整体茵陈蒿群落的土壤含水量最低且季节性变异最大，芦苇群落的土壤含水量最高且季节性变异最小，灰化薹草群落的土壤含水量和季节性变异都居中。

（2）植被地上、地下生物量与 TC、TN、TP 和 SWC_{ave}（生长季平均土壤含水量）呈极显著正相关，说明高养分、高水分的土壤环境有利于生物量的积累。物种丰富度指数和 Shannon - Wiener 指数与 TC、TN、TP 没有显著的相关关系，与 SWC_{cv}（生长季土壤含水量变异性）呈显著负相关，与 WTD_{ave}（生长季平均地下水埋深）呈极显著正相关，表明土壤养分的高低不影响物种丰富程度，低水分变异的土壤环境有利于更多物种的定居，淹水会减小物种多样性，湿地物种更喜欢定居在地下水浅埋区而非淹水环境。典范对应分析表明鄱阳湖湿地植被群落空间结构主要受地下水埋深、土壤含水量 pH 值和养分元素的影响，影响大小排序为：水文要素＞pH 值＞土壤养分，其中 WTD_{ave} 为最主要影响因素。洲滩湿地植被地上、地下生物量沿 WTD_{ave} 的分布满足高斯模型，最大值分别出现在 WTD_{ave} 为 0.8m 和 0.5m 处，分布最佳的 WTD_{ave} 范围分别为 [0m, 1.6m] 和 [−0.1m, 1.1m]，Shannon - Wiener 指数和物种丰富度指数沿地下水埋深梯度都呈双峰分布，最大值分别出现在 WTD_{ave} 为 2.2m 和 2.4m。

（3）典型洲滩湿地地下水-土壤-植被-大气系统水分运移模拟结果表明，茵陈蒿、芦苇和灰化薹草群落的年蒸散量分别为 554～671mm、1110～1210mm 和 715～783mm，其中春季生长期（3～6 月），降水能满足植被按潜在蒸腾速率耗水，根区土壤水分为积累过程，而植被生长旺季（7—10 月），降水入渗不能满足植被水分需求，根区土壤水分为亏损状态。不同水文年的生长旺季植被蒸腾量存在显著差异，高水位 2012 年，各植被群落实际蒸腾量占潜在蒸腾量的 90％以上，而在低水位年 2013 仅占潜在蒸腾量的 55％～64％。湖水和地下水的补给量直接决定了茵陈蒿和芦苇的蒸腾量，2012 年生长旺季，地下水最大可提供茵陈蒿蒸腾的全部水分，湖水和地下水对芦苇蒸腾的贡献率达 97％，而 2013 年地下水对茵陈蒿蒸腾用水的贡献率仅 6％，对芦苇的贡献率为 79％。

（4）对于茵陈蒿和芦苇群落，地下水补给量对植被蒸腾用水的贡献率与地下水埋深均呈负线性关系。洲滩湿地地下水位每下降 1m，地下水的贡献率将降低 25％。不同水文情势下植被群落补给水分来源和蒸腾用水存在显著差异，典型丰水年，湿地植被群落生长旺季蒸腾都为潜在速率；平水年，茵陈蒿群落蒸腾总量较丰水年同期下降 24％，芦苇和灰化薹草群落仍能保证充足用水；枯水年，茵陈蒿、芦苇和灰化薹草群落蒸腾总量较丰水年同期依次减小 34％、42％和 35％。茵陈蒿群落丰水年以地下水补给为主，而平、枯水年以降水和土壤水储量为主要补给源；芦苇群落丰、平、枯水年分别以湖水、湖水和地下水、地下水和降水补给为主；灰化薹草群落各水文年都以降水和土壤水储量补给为主。

（5）以 1955—1999 年和 2000—2013 年多年平均水情条件模拟显示，2000 年以前茵陈蒿群落生长旺季的实际蒸腾受水分胁迫的起始时间为 9 月初，进入 2000 年以后提前至 8 月份，8—10 月总蒸腾量下降了 27％。芦苇群落 2000 年以前生长旺季实际蒸腾量与潜在蒸腾量相差不大，而 2000 年以后 9—10 月的实际蒸腾量下降了 28％，蒸腾受限的起始时间由 10 月初提前了近 20 天。2000 年以前芦苇群落以地下水和湖水补给为主，各约占总补给水量的 40％，而 2000 年以后地下水补给比例上升到 55％，湖水比例下降至 19％。2000 年以前、以后灰化薹草群落秋季生长期蒸腾耗水都为潜在速率，但是 2000 年以后 9—11 月的土壤水储量损耗较 2000 年以前增加了 32％，根区土壤明显变干。

6.2 展望

目前，采用数值模拟研究土壤水分运移过程已有很多成功案例，主要集中在农田、荒漠和草地生态系统中。湿地生境条件复杂，长期定位监测和数据获取困难，导致国内外湿地生态系统中的水分运移过程模拟案例并不多见，因此本书基于植物群落生境梯度，开展湿地土壤水分运移模拟和湿地生态水文关系的定量研究，研究结果可为鄱阳湖北部湖区湿地植被生长与水分条件的作用研究提供理论参考，具有一定的研究特色。

湿地土壤-水分-植物系统水分运动的影响因素和作用机制复杂，本研究受客观条件限制和数据获取困难的制约，只是针对鄱阳湖湿地坡面尺度生态水文过程研究的一个初步尝试，仍有以下几个方面需要在今后的研究中进一步解决。

（1）继续获取连续可靠的湿地生态水文数据，着力建立水分运移模型与植被生长竞争的双向耦合模型，从而为变化水文条件下湿地植被的演替预测提供参考。

（2）湿地生态水文作用的研究必须要充分考虑环境要素的空间异质性，如何将小尺度研究扩展到大尺度仍然是未来研究的重点和难点。

参 考 文 献

Allen R G, Prueger J H, Hill R W. 1992. Evapotranspiration from isolated stands of hydro-phytes – Cattail and Bulrush [J]. Transactions of the Asae, 35 (4): 1191 – 1198.

Allen R G, Pereira L S, Raes D et al. 1998. Crop evapotranspiration: guidelines for compu-ting crop water requirements, FAO Irrigation and Drainage Paper, No. 56 [DB]. Food and Agriculture Organization of the United Nations, Rome.

Asada T. 2002. Vegetation gradients in relation to temporal fluctuation of environmental factors in Bekanbeushi peatland, Hokkaido, Japan [J]. Ecological Research, 17 (4): 505 – 518.

Austin, M P. 1976. On non – linear species response models in ordination [J]. Vegetatio, 33 (1): 33 – 41.

Baattrup – Pedersen A, Jensen K M B, Thodsen H et al. 2013. Effects of stream flooding on the distribution and diversity of groundwater – dependent vegetation in riparian areas [J]. Freshwater Biology, 58 (4): 817 – 827.

Bai J H, SHao H B, Cui B S et al. 2012. Spatial and temporal distributions of soil organic carbon and total nitrogen in two marsh wetlands with different flooding frequencies of the Yellow River Delta, China [J]. Clean – Soil, Air, Water, 40 (10): 1137 – 1144.

Booth E G, Loheide S P. 2012. Comparing surface effective saturation and depth – to – water – level as predictors of plant composition in a restored riparian wetland [J]. Ecohydrology, 5 (5): 637 – 647.

Casanova M T, Brock M A. 2000. How do depth, duration and frequency of flooding influence the establishment of wetland plant communities? [J]. Plant Ecology, 147 (2): 237 – 250.

Castelli R M, Chambers J C, Tausch R J. 2000. Soil – plant relations along a soil – water gra-dient in Great basin riparian meadows [J]. Wetlands, 20 (2): 251 – 266.

Chui T F M, Low S Y, Liong S Y. 2011. An ecohydrological model for studying groundwater – vegetation interactions in wetlands [J]. Journal of Hydrology, 409 (1 – 2): 291 – 304.

Cooper D J, Sanderson J S, Stannard D I et al. 2006. Effects of long – term water table draw-down on evapotranspiration and vegetation in an arid region phreatophyte community [J]. Journal of Hydrology, 325 (1 – 4): 21 – 34.

Fraser L H, Karnezis J P. 2005. A comparative assessment of seedling survival and biomass accumulation for fourteen wetland plant species grown under minor water – depth differences [J]. Wetlands, 25 (3): 520 – 530.

Garcia L V, Maranon T, Moreno A et al. 1993. Aboveground biomass and species richness in a Mediterranean salt – marsh [J]. Journal of Vegetation Science, 4 (3): 417 – 424.

Gause G F. 1931. The influence of ecological factors on the size of population [J]. The American Naturalist, 65 (696): 70 – 76.

Grismer M E, Gates T K. 1987. Estimating saline water table contribution to crop water use [J]. California Agriculture, 42 (2), 23 – 24.

GustafssonD, Stahli M, Jansson P E. 2001. The surface energy balance of a snow cover: comparing measurements to two different simulation models [J]. Theoretical and Applied Climatology, 70 (1 – 4): 81 – 96.

Hammersmark C T, Rains M C, Wickland A C et al. 2009. Vegetation and water – table relationships in a hydrologically restored riparian meadow [J]. Wetlands, 29 (3): 785 – 797.

Han X X, Chen X L, Feng L. 2015. Four decades of winter wetland changes in Poyang Lake based on Landsat observations between 1973 and 2013 [J]. Remote Sensing of Environment, 156: 426 – 437.

Henszey R J, Pfeiffer K, Keough J R. 2004. Linking surface – and ground – water levels to riparian grassland species along the Platte River in Central Nebraska, USA [J]. Wetlands, 24 (3): 665 – 687.

Herbst M, Kappen L. 1999. The ratio of transpiration versus evaporation in a reed belt as influenced by weather conditions [J]. Aquatic Botany, 63 (2): 113 – 125.

Huston M A. 1979. A general hypothesis of species diversity [J]. The American Naturalist, 113 (1): 81 – 101.

Jarvis N J. 1989. Simple empirical model of root water uptake [J]. Journal of Hydrology, 107 (1 – 4): 57 – 72.

Jiao L. 2009. Chtna scientists line up against dam that would alter protected wetlands [J]. Science, 326 (5952): 508 – 509.

Kassen R, Buckling A, Bell G et al. 2000. Diversity peaks at intermediate productivity in a laboratory microcosm [J]. Nature, 406 (6795): 508 – 511.

Leyer I. 2004. Effects of dykes on plant species composition in a large lowland river floodplain [J]. River Research and Application, 20 (7): 813 – 827.

Leyer I. 2005. Predicting plant species' responses to river regulation: the role of water level fluctuations [J]. Journal of Applied Ecology, 42 (2): 239 – 250.

Li F, Qin X Y, Xie Y H et al. 2013. Physiological mechanisms for plant distribution pattern: responses to flooding and drought in three wetlands from Dongting Lake, China [J]. Limnology, 14 (1): 71 – 76.

Li S H, Zhou D M, Luan Z Q et al. 2011. Quantitative simulation on soil moisture contents of two typical vegetation communities in Sanjiang Plain, China [J]. Chinese Geographical Science, 21 (6): 723 – 733.

Lu X X, Yang X K, Li S Y. 2011. Dam not sole cause of Chinese drought [J]. Nature, 475 (7355): 174.

Luan Z, Wang Z, Yan D et al. 2013. The ecological response of Carex lasiocarpa Community in the riparian wetlands to the environmental gradient of water depth in Sanjiang Plain, Northest China [J]. The Scientific World Journal, 402067.

Luo Y, Sophocleous M. 2010. Seasonal groundwater contribution to crop – water use assessed with lysimeter observations and model simulations [J]. Journal of Hydrology, 389 (3 – 4): 325 – 335.

Luo W B, Song F B, Xie Y H. 2008. Trade‐off between tolerance to drought and tolerance to flooding in three wetland plants [J]. Wetlands, 28 (3): 866 – 873.

Mazur M L C, Wiley M J, Wilcox D A. 2014. Estimating evapotranspiration and groundwater flow from water‐table fluctuations for a general wetland scenario [J]. Eco-hydrology, 7 (2): 378 – 390.

Muneepeerakul C P, Miralles‐Wilhelm F, Tamea S et al. 2008. Coupled hydrologic and veg-etation dynamics in wetland ecosytems [J]. Water Resources, 44 (7).

Naumburg E, Mata‐Gonzalez R, Hunter R G et al. 2005. Phreatophytic vegetation and groundwater fluctuations: a review of current research and application of ecosystem response modeling with an emphasis on Great Basin vegetation [J]. Environmental Man-agement, 35 (6): 726 – 740.

Pagter M, Bragato C, Brix H. 2005. Tolerance and physiological responses of Phragmites australis to water deficit [J]. Aquatic Botany, 81 (4): 285 – 299.

Pauliukonis N, Schneider R. 2001. Temporal patterns in evapotranspiration from lysimeters with three common wetland plant species in the eastern United States [J]. Aquatic Botany, 71 (1): 35 – 46.

Pausas J G, Austin M P. 2001. Patterns of plant species richness in relation to different envi-ronments: an appraisal [J]. Journal of Vegetation Science, 12 (2): 153 – 166.

Per Erik J, Louise K. 1991. Theory and Practice of Coupled Heat and Mass Transfer Model for Soil‐plant‐atmosphere System [M]. Beijing: Academic Press.

Perez P J, Castellvi F, Ibanez M et al. 1999. Assessment of reliability of Bowen ratio method for partitioning fluxes [J]. Agricultural and Forest Meteorology, 97 (3): 141 – 150

Qin X Y, Li F, Chen X S et al. 2013. Growth responses and non‐structural carbohydrates in three wetland macrophyte species following submergence and de‐submergence [J]. Acta Physiologiae Plantarum, 35 (7): 2069 – 2074.

Rains M C, Mount J F, Larsen E W. 2004. Simulated changes in shallow groundwater and vegetation distribution under different reservoir operating scenarios [J]. Ecological Appli-cations, 14 (1): 192 – 207.

Rich S M, Ludwig M, Pedersen O et al. 2011. Aquatic adventitious roots of the wetland plant Meionectes brownii can photosynthesize: implications for root function during flooding [J]. The New Phytologist, 190 (2): 311 – 319.

Ritchie J T. 1972. Model for predicting evaporation from a row crop with incomplete cover [J]. Water Resource Research, 8 (5): 1204 – 1213.

Sepaskhah A R, Kanooni A, Ghasemi M M. 2003. Estimating water table contributions to corn and sorghum water use [J]. Agricultural Water Management, 58 (1): 67 – 79.

Sepaskhah A R, Karimi‐Goghari S. 2005. Shallow groundwater contribution to pistachio water use [J]. Agricultural Water Management, 72 (1): 69 – 80.

Shah N, Nachabe M, Ross M. 2007. Extinction depth and evapotranspiration from ground water under selected land covers [J]. Ground Water, 45 (3): 329 – 338.

Skaggs T H, Shouse P J, Poss J A et al. 2006. Irrigating forage crops with saline waters: 2. Modeling root uptake and drainage [J]. Vadose Zone Journal, 5 (3): 824 – 837.

Skaggs T H，van Genuchten M T，Shouse P J，Poss J A. 2006. Macroscopic approaches to root water uptake as a function of water and salinity stress［J］. Agricultural Water Management，86（1 - 2）：140 - 149.

Ström L，Jansson R，Nilsson C. 2012. Projected changes in plant species richness and extent of riparian vegetation belts as a result of climate - driven hydrological change along the Vindel River in Sweden［J］. Freshwater Biology，57（1）：49 - 60.

Ter Braak C J F. 1986. Canonical correspondence analysis：a new eigenvector technique for multivariate direct gradient analysis［J］. Ecology，67（5）：1167 - 1179.

Ter Braak C J F，Looman C W N. 1986. Weighted averaging，logistic regression and the Gaussian response model［J］. Vegetatio，65（1）：3 - 11.

Van Genuchten M Th. 1980. A closed - form equation for predicting the hydraulic conductivity of unsaturated soils［J］. Soil Science Society of America Journal，44（5）：892 - 898.

Van Genuchten M Th. 1987. A numerical model for water and solute movement in and below the root zone［R］. Unpublished Research Report，U. S. Salinity laboratory，USDA，ARS，Riverside，California.

Wang X L，Han J Y，Xu L G et al. 2014. Soil characteristics in relation to vegetation communities in the wetlands of Poyang Lake，China［J］. Wetlands，34（4）：829 - 839.

Xie T，Liu X H，Sun T. 2011. The effects of groundwater table and flood irrigation strategies on soil water and salt dynamics and reed water use in the Yellow River Delta，China［J］. Ecological Modeling，222（2）：241 - 252.

Xu X L，Zhang Q，Tan Z Q，et al. 2015. Effects of water - table depth and soil moisture on plant bio - mass，diversity，and distribution at a seasonally flooded wetla nd of Poyang Lake，China［J］. Chinese Geographical Science，25（6）：739 - 756.

Zhang L，Dawes W. 1998. WAVES：An integrated energy and water balance mode［D］. Australia：CSIROLand and Water Technical Report，No. 31/98.

Zhang Q，Ye X C，Werner A D et al. 2014. An investigation of enhanced recessions in Poyang Lake：Comparison of Yangtze River and local catchment impacts［J］. Journal of Hydrology，517：425 - 434.

Zhu Y H，Ren L L，Skaggs T H et al. 2009. Simulation of *Populus euphratica* root uptake of groundwater in an arid woodland of the Ejina Basin，China［J］. Hydrology Process，23（17）：2460 - 2469.

Šimůnek J，Van Genuchten M Th，Šejna M. 2008. The HYDRUS - 1D software package for simulating the movement of water，heat，and multiple solutes in variably saturated media，Version 4. 0［R］. Department of Environmental Sciences，University of California Riverside，Riverside，California，USA.

崔保山，杨志峰. 2006. 湿地学［M］. 北京：北京师范大学出版社.

邓伟，潘响亮，栾兆擎. 2003. 湿地水文学研究进展［J］. 水科学进展，14（4）：521 - 527.

邓伟，栾兆擎，胡金明，等. 2005. 三江平原典型沼泽湿地生态系统水分通量研究［J］. 湿地科学，3（1）：32 - 36.

董延钰，金芳，黄俊华. 2011. 鄱阳湖沉积物粒度特征及其对形成演变过程的示踪意义［J］. 地质科技情报，30（2）：57 - 62.

付丛生，陈建耀，曾松青，等. 2011. 国内外实验小流域水科学研究综述 [J]. 地理科学进展，30 (3)：259 - 267.

葛刚，赵安娜，钟义勇，等. 2011. 鄱阳湖洲滩优势植物种群的分布格局 [J]. 湿地科学，9 (1)：19 - 25.

宫兆宁，宫辉力，邓伟，等，2006. 浅埋条件下地下水-土壤-植物-大气连续体中水分运移研究综述 [J]. 农业环境科学学报，25 (21)：365 - 373.

郭华，张奇. 2011. 近 50 年来长江与鄱阳湖水文相互作用的变化 [J]. 地理科学，66 (5)：609 - 618.

郭跃东. 2008. 毛苔草植被对沼泽湿地蒸散发影响的试验研究 [J]. 湿地科学，6 (3)：392 - 397.

贺强，崔保山，赵欣胜，等. 2007. 水盐梯度下黄河三角洲湿地植被空间分异规律的定量分 [J]. 湿地科学，5 (3)：208 - 214.

胡春华，朱海虹. 1995. 鄱阳湖典型湿地沉积物粒度分布及其动力解释 [J]. 湖泊科学，7 (1)：21 - 32.

胡振鹏，葛刚，刘成林，等. 2010. 鄱阳湖湿地植物生态系统结构及湖水位对其影响研究 [J]. 长江流域资源与环境，19 (6)：597 - 605.

姜加虎，黄群. 1997. 三峡工程对鄱阳湖水位影响研究 [J]. 自然资源学报，12 (3)：219 - 224.

赖锡军，姜加虎，黄群. 2012. 三峡工程蓄水对鄱阳湖水情的影响格局及作用机制分析 [J]. 水力发电学报，31 (6)：132 - 136.

李云良，张奇，姚静，等. 2013. 鄱阳湖湖泊流域系统水文水动力联合模拟 [J]. 湖泊科学，25 (2)：227 - 235.

刘红玉，吕宪国，张世奎. 2003. 湿地景观变化过程与累积环境效应研究进展 [J]. 地理科学进展，22 (1)：60 - 70.

刘健，张奇，许崇育，等. 2010. 近 50 年鄱阳湖流域实际蒸发量的变化及影响因素 [J]. 长江流域资源与环境，19 (2)：139 - 145.

刘信中，叶居新. 2000. 江西湿地 [M]. 北京：中国林业出版社.

刘昌明. 1997. 土壤-植物-大气系统水分运行的界面过程研究 [J]. 地理学报，52 (4)：366 - 373.

刘昌明，王会肖. 1999. 土壤-作物-大气界面水分过程与节水调控 [M]. 北京：科学出版社.

刘元波，赵晓松，吴桂平. 2014. 近十年鄱阳湖区极端干旱事件频发现象成因初析 [J]. 长江流域资源与环境，23 (1)：131 - 138.

罗文泊，谢永宏，宋凤斌. 2007. 洪水条件下湿地植物的生存策略 [J]. 生态学杂志，26 (9)：1478 - 1485.

闵骞，刘影. 2006. 鄱阳湖水面蒸发量的计算与变化趋势分析（1955～2004 年）[J]. 湖泊科学，18 (5)：452 - 457.

闵骞，闵聃. 2010. 鄱阳湖区干旱演变特征与水文防旱对策 [J]. 水文，30 (1)：84 - 88.

闵骞，苏宗萍，王叙军. 2007. 近 50 年鄱阳湖水面蒸发变化特征及原因分析 [J]. 气象与减灾研究，30 (3)：17 - 20.

闵骞，占腊生. 2012. 1952～2011 年鄱阳湖枯水变化分析 [J]. 湖泊科学，24 (5)：675 - 678.

戚培同，古松，唐艳鸿，等. 2008. 三种方法测定高寒草甸生态系统蒸散比较 [J]. 生态学报，28 (1)：202 - 211.

秦先燕，谢永宏，陈心胜. 2010. 洞庭湖四种优势湿地植物茎、叶通气组织的比较研究 [J].

武汉植物学研究，28（4）：400-405.

邵明安，王全九，黄明斌. 2006. 土壤物理学 ［M］. 北京：高等教育出版社.

孙丽，宋长春. 2008. 三江平原典型沼泽湿地能量平衡和蒸散发研究 ［J］. 水科学进展，19（1）：43-48.

孙儒泳，李庆芬，牛翠娟，等. 2002. 基础生态学 ［M］. 北京：高等教育出版社.

王丽，宋长春，胡金明，等. 2009. 不同生长阶段毛苔草（*Carex lasiocarpa*）克隆繁殖对水文情势的响应生态学报 ［J］. 29（5）：2231-2238.

吴桂平，刘元波，赵晓松. 2013. 基于 MOD16 产品的鄱阳湖流域地表蒸散量时空分布特征 ［J］. 地理研究，32（4）：617-627.

吴龙华. 2007. 长江三峡工程对鄱阳湖生态环境的影响研究 ［J］. 水利学报，增刊：586-591.

吴建东，刘观华，金杰峰，等. 2010. 鄱阳湖秋季洲滩植物种类结构分析 ［J］. 江西科学，28（4）：549-554.

余莉，何隆华，张奇，等. 2010. 基于 Landsat-TM 影像的鄱阳湖典型湿地动态变化研究 ［J］. 遥感信息，2010，（6）：48-54.

余莉，何隆华，张奇，等. 2011. 三峡工程蓄水运行对鄱阳湖典型湿地植被的影响 ［J］. 地理研究，30（1）：134-144.

章光新，尹雄锐，冯夏清. 2008. 湿地水文研究的若干热点问题 ［J］. 湿地科学，6（2）：105-115.

张金屯. 2011. 数量生态学：2版 ［M］. 北京：科学出版社.

张丽丽，殷峻暹，蒋云钟，等. 2012. 鄱阳湖自然保护区湿地植被群落与水文情势关系 ［J］. 水科学进展，23（6）：769-776.

张全军，于秀波，钱建鑫，等. 2012. 鄱阳湖南矶湿地优势植物群落及土壤有机质和营养元素分布特征 ［J］. 生态学报，32（12）：3656-3669.

赵欣胜，崔保山，孙涛，等. 2010. 黄河三角洲潮沟湿地植被空间分布对土壤环境的响应 ［J］. 生态环境学报，19（8）：1855-1861.

赵晓松，刘元波，吴桂平. 2013. 基于遥感的鄱阳湖湖区蒸散特征及环境要素影响 ［J］. 湖泊科学，25（3）：428-436.

朱源，康慕谊. 2005. 排序和广义线性模型与广义可加模型在植物种与环境关系研究中的应用 ［J］. 生态学杂志，24（7）：807-811.

周德民，宫辉力，胡金明，等. 2007. 湿地水文生态学模型的理论与方法 ［J］. 生态学杂志，26（1）：108-114.

周文斌，万金保，姜加虎. 2011. 鄱阳湖江湖水位变化对其生态系统影响 ［M］. 北京：科学出版社.